Thinking Evolution

思维进化

人 生 持 续 精 进 的 方 法

宋晓东

著

天地出版社 | TIANDI PRESS

图书在版编目（CIP）数据

思维进化：人生持续精进的方法 / 宋晓东著.—成都：天地出版社，2024.6
ISBN 978-7-5455-8334-2

Ⅰ.①思… Ⅱ.①宋… Ⅲ.①成功心理—通俗读物 Ⅳ.①B848.4-49

中国国家版本馆CIP数据核字（2024）第079779号

SIWEI JINHUA RENSHENG CHIXU JINGJIN DE FANGFA
思维进化：人生持续精进的方法

出品人	杨 政
作 者	宋晓东
责任编辑	孟令爽
责任校对	张月静
封面设计	金牍文化·车球
内文排版	麦莫瑞
责任印制	王学锋

出版发行	天地出版社
	（成都市锦江区三色路238号 邮政编码：610023）
	（北京市方庄芳群园3区3号 邮政编码：100078）
网 址	http://www.tiandiph.com
电子邮箱	tianditg@163.com
经 销	新华文轩出版传媒股份有限公司

印 刷	北京文昌阁彩色印刷有限责任公司
版 次	2024年6月第1版
印 次	2024年6月第1次印刷
开 本	880mm×1230mm 1/32
印 张	7.75
字 数	192千字
定 价	59.80元
书 号	ISBN 978-7-5455-8334-2

版权所有◆违者必究
咨询电话：（028）86361282（总编室）
购书热线：（010）67693207（营销中心）

如有印装错误，请与本社联系调换。

RECOMMENDATION 推荐序
进化思维，才能让人生不断精进

我在2007年走进大学的校门，小宋老师是大我三届的同门师哥，我们都是心理学专业的学生。心理学是一个经常被大众误解的专业。

读大学的时候，作为大一新生，我们总会有几个特别崇拜的师哥、师姐，他们学习好、社团活动做得也好，总是活跃在学校和院系的各处舞台上。在这些出色的师哥、师姐中，小宋老师就是其中一位。

小宋老师英语特别好，考研英语考了将近80分，他专门跟我们分享过英语学习方法。我还记得那个下午，我们在教科院的教室里跟着小宋老师练习英语发音。英语不好的我，用崇拜的眼神看着他——这一幕多年难忘。

后来，他去新东方做英语讲师。但因对心理学的热爱，他最终走在了心理学研究与实践的路上，特别专注于积极心理学知识的传播。

思维进化：人生持续精进的方法

研究生毕业后，小宋老师进了一所大学工作，还开设了幸福心理学课程——这门课成为他们学校非常受欢迎的选修课。同时，他也通过微信公众号向大家传播积极心理学的知识。

这一切看起来都很好，但实际上，在这个过程中他也有很多饱受煎熬的时刻。比如，当很多学生都把他当成情绪垃圾桶，不分时间或不拘形式地向他吐槽生活的不如意，而他却不懂得拒绝时；当他因为工作压力、学业压力过大而对家人发脾气时；当他因为过于追求完美，把自己累倒住院时……

没有完美的生活，只有不断调整的思维和心态。

小宋老师起初是个完美主义者，有时对自己的要求近乎苛刻。因为童年时期的经历和原生家庭的关系，他一度处于外部表现优秀但内心痛苦挣扎的不平衡状态。

读大学时，小宋老师是班长、学生会副主席，学习成绩很优秀，却因人际关系问题而饱受困扰；读研究生时，他依然很优秀，却受尽了失眠的折磨；工作之后，他尽心尽力，用最高标准要求自己，但也因压力过大而让身体发出求救信号。

或许是因为读了很多心理学方面的书，他一直在积极地调整自己的人生状态。小宋老师人生每个阶段的困苦都被化解了，这其实就来自认知改变和思维进化的力量。

于是，他结合自己的专业知识和实际体验，出版了这本《思维进化：人生持续精进的方法》。

推荐序

不进化思维，不足以让人生不断精进。

回想我自己的经历，也有很多时刻是因认知没有及时升级而错失了机会。我们很难去改变客观环境，但我们可以改变自己的思维。当一件事情发生时，你可以选择抱怨、生气、指责，也可以选择积极解决问题。不同的选择会带来不同的结果，而做出选择所依赖的很大程度上就是我们的思维方式。

在这本书中，小宋老师分六章分别讲述了六个方面的问题：一些常见的消极思维模式及应对方法；在一些典型的沟通场景当中，高情商的人会如何应对冲突；人际交往过程中"划定边界"的重要性；如何看待及应对压力，从而让压力变为动力；当自己处于情绪低潮期的时候，应当如何对自己进行有效的激励；快速化解负面情绪的一些实用的心理自助方法。

这本书没有枯燥高深的理论，都是你我日常中会发生的故事、会遇到的状况。小宋老师用深入浅出的笔触分析问题的根源以及思维的转变方法，贴近实际且实用有效。

在我认识小宋老师的时候，他已经很优秀了。那时我就在想：为什么总有些人是令我羡慕的，我为什么不是那样的人？

毕业这么多年，我们在上海也经常沟通、见面。后来了解到他的很多经历，我才发现，他原来也是我，我亦可变成他。

小宋老师原来英语并不好，是后来到城里上学，被同学笑话他"蹩脚"的发音才暗自下功夫练习英语口语，以至于后来因为英

03

思维进化：人生持续精进的方法

语好还成为新东方的英语讲师，出国访问学习的时候更是毫无语言压力。

他也曾胆小敏感，害怕别人不喜欢自己，害怕辜负家人和领导的期望，也曾被自卑、愤怒、羞愧、悲伤、恐惧等情绪困扰过。但是，这些并没有打倒他，他读了很多书，知道了改变思维的重要性，学会了很好地控制和管理情绪，进而有机会让自己的人生不断精进。

我们每一个人，不管你现在状态如何，都应该尝试去不断进化自己的思维，进而拥有更加精彩的人生。

杨小米
（自媒体"遇见小 mi"创始人）

PREFACE 自序
一个人向上生长的最大阻碍，就是自己

01.

我们来想象一个场景——早晨去上班的时候，你在公司走廊看到了上司。你鼓起勇气，挂上满脸的笑容，向他挥了挥手，打了一个招呼。但是不知道为什么，对方却没有理你。这个时候，你会产生怎样的想法，会有何种情绪反应？

我曾经在课堂上问过不少学生这个问题，得到的答案千奇百怪。我将学生的答案分为两大类，一类是悲观派，另一类是乐观派。

悲观派的回答包括"糟糕，可能是我最近在什么事情上得罪了他""完蛋了，我在公司没有前途了""我总是一个不招人喜欢的人"，等等。

总之，悲观的人特别容易因外部一点风吹草动而快速激活内在的一些深层负面信念，如"我能力很差""我没有价值""我不受欢迎"，等等。这些深层负面信念一旦被激活，悲观派就会很容易郁郁寡欢、一整天都心情沉重、长时间地精神内耗，工作也提不起劲头来。

而乐观派的回答则包括"可能是上司正在考虑问题，所以没看到我""上司的视力不好，所以没看到我""我长得太帅了，容易和别人产生距离感"，等等。

总之，乐观派的人明白一个道理——糟糕的事情之所以会发生，很可能是由多方面原因导致的。他们不会像悲观派一样，总是觉得自己有问题，然后拼命地进行自我攻击。因此，乐观派很快就会淡忘这些小事，然后精神饱满地投入一天的工作。

02.

也许有人会说："万一上司就是想通过不理睬你来表达对你的不满呢？"没错，的确也有这种可能。然而，真正的乐观派，绝对不是"把头埋进沙子里的鸵鸟"，对所有的危险信号故意视而不见。

一个真正的乐观派会从多角度去看问题，很少会把自己逼进思维的死胡同。与此同时，他们还擅长不断采取积极的行动，去解决眼前的难题。他们会这样思考："即使上司真的是因对我有成见而不愿理睬我，也并不能说明我一无是处，至少我曾在某些方面取得过成绩，证明了自己的价值。"或者，"没有人会一直被鲜花包围，每个人在工作中都难免会遇到问题，人也都会有犯错的时候。我只要更加努力地工作，改进自己的缺点，就可以重新赢得上司的青睐和好评。"

总之，无论发生什么不好的事情，乐观派总能努力调整自己的认知来掌控自己的情绪，从而更加积极地投入工作和生活。悲观派则很容易被负面想法和消极情绪吞没，表现得畏首畏尾、忧虑重重。

时间久了，乐观的人会越活越成功，悲观的人则会越活越失意。因为悲观的人经常会被自己的消极念头缠绕，花费大量的时间内耗精神，哪里还有精力做那些真正有价值和有意义的事情呢？

03.

上面这些内容就反映了心理学中"情绪ABC理论"所涉及的主要观点。"情绪ABC理论"由美国心理学家阿尔伯特·艾利斯创建，他认为导致我们产生情绪后果（Consequence）的往往不是诱发性事件（Activating Event）本身，而是我们对这件事情的认知（Belief）。

换句话说，对于同一件事情，我们由于会采取不同的认知方式，就会产生完全不同的情绪反应。正如同样是看到半杯水，有的人会说："太好了，还有半杯水！"有的人则会说："太惨了，只剩半杯水了！"

思维进化：人生持续精进的方法

情绪ABC理论，凸显了改变认知与思维的重要性。一个人如果能够不断进化自己的思维、不断地迭代自己的认知，那么不但可以让自己的情绪越来越好，也会让人生的道路越走越宽阔。

回顾自己这些年来所收获的每一次成长与每一点成就，都和我思维上的进化、认知上的改变有很大的关系。例如，因为明白了自我接纳的重要性，我开始接纳自己的内向性格，并努力去发掘内向性格所赋予我的"深度"优势，在心理学领域进行了更加深入的学习和探索，撰写了多本心理学通俗读物；因为明白了逃避问题的危害，我开始鼓起迎难而上的勇气，不断用积极的行动去化解所面临的焦虑与压力，而不再像以前那样频繁地陷入焦虑和情绪内耗；因为明白了苛求完美的危害，我开始用"完成胜过完美"的行动准则去指导生活，大大提高了做事效率和执行力；因为开始养成成长式思维，我不再把一时的失败看作对自我能力的极大否定，而是将其看作绝佳的有效反馈和难得的成长机遇。

在完成这些认知迭代和思维进化之后，蓦然回首，我才发现：一个人向上生长的最大阻碍，就是自己。

因为阻碍一个人成长的真正原因，往往来自他所秉承的一些消极或固化的思维方式；而促进一个人成长的真正原因，往往来自他对那些积极或成长式思维方式的坚信与应用。

04.

当然，一个人要想实现不断成长与最终成才的目标，仅仅依靠认知迭代和思维进化是不够的，还要依靠彪悍的执行力，进而实现人生的不断精进。

毕竟，世界上最遥远的距离，就是"知道"与"做到"之间的距离。

一个人如果最终没有将思维层面的进化转化为行动层面的积极改变，他的现实境遇就不会发生任何变化。而且，他所学到的那些知识、完成的那些思维上的转变，最终都会因无法落实为行动而成为一种认知负担。

所以说，我们学习知识，一定要努力做到知行合一，让思维上的改变不断带动或促成行动上的改变。我们只有这样做，才能利用所学的知识真正地改变我们的命运与人生。

那么，到底是哪些因素阻碍了"知行合一"呢？为什么身边总有人会不停地抱怨"道理我都懂，可就是无法作出改变"呢？我认为主要原因有两个。

第一，对所学的道理似懂非懂，缺少强烈的行动动机。

一个人只有把一条道理真正搞懂了，才会采取行动。

比如，本书在讲到如何戒掉完美主义心态的时候，提到了一个方法叫作"完成胜过完美"。有的人只是觉得这个方法有一些道理，但是未必会去实践，原因可能就在于对这个方法了解得不够深入，觉得这个方法会阻碍人们去追求卓越。

其实，"完成胜过完美"反而为追求卓越指出了一条可行之路。

因为一件事如果只是在大脑里面空想而不去完成，就不会有被完善的机会，如果一件事情无法得到不断完善，就很难走向卓越。

比如，一个人如果想要完成一篇学术论文并在一本优秀期刊上发表，就要先把这篇论文的初稿写下来，然后在此基础上不断打磨，再根据编辑的反馈或者审稿人的建议不断修改，有的时候甚至需要改七八稿，最后这篇文章才有机会发表。一个人如果因为苛求完美，想要一下笔就写出一篇可以发表的论文，往往连下笔的勇气都没有了。

王阳明曾说过一句名言："未有知而不行者，知而不行，只是未知。"很多人知道一些道理，但是没有采取相应的行动，从本质上来说，还是没有真正领悟这条道理的精髓罢了，所以才会缺少强烈的行动动机。所以，我们要想做到知行合一，首先要把道理搞懂悟透，不要浅尝辄止。

第二，思考比行动容易，在行动层面存在畏难情绪。

当老师在课堂上提出一个问题后，很多学生心中都会有一个答案。但是，最终有勇气站起来回答问题的可能只有少数几个人，因为思考一个问题比站起来回答一个问题容易多了。站起来回答问

自序

题,意味着有可能会因紧张而表达得不是很流利,意味着有可能会因回答出错而被别人嘲笑或评判,等等。

由于在行动层面存在畏难情绪,很多人干脆选择保持沉默,不站起来回答问题。但是,一旦有人说出了问题的答案,得到了老师的表扬,刚刚选择沉默的学生可能又会在心里嘀咕:"其实,刚刚我也想到了这个答案,只不过我没有站起来回答问题罢了。"

所以说,一个人要想做到知行合一,一定要不断鼓起行动的勇气。亚里士多德曾经说过:"在奥林匹克运动会上,桂冠不是给予最漂亮、最强壮的人,而是给予那些参加竞技的人。"这句话也强调了采取积极行动的重要性。

要知道,一次不完美的行动,胜过一次完美的思考。亲爱的朋友,如果你在这本书中读到一条很有感悟的道理,希望你能够鼓起行动的勇气,哪怕是不完美的一次行动,可能也会促进自己往更好的方向去精进。而这本书的价值也会从这一刻开始得到真正的体现。

最后,我想和大家分享《论语》中的一句话:"子路有闻,未之能行,唯恐有闻。"这句话的意思是:子路在听到一条道理的时候,就会马上去躬身践行;在他还没有来得及践行某条道理之前,他唯恐再听到另外一条道理。也就是说,我们学知识不能贪多求全,也不能只学不做。我们只有学到一条知识就马上付诸实践,才能利用所学知识让我们的人生不断精进。

与君共勉。

CONTENTS **目录**

PART 1 突破思维
请远离消极的思维模式

戒掉完美主义心态，你才不会那么焦虑 / 002

比玻璃心更可怕的，是固定型思维方式 / 009

不要让那么多的"可是"，毁掉你那么大的野心 / 015

不要害怕孤独，因为它会让你精神饱满 / 021

总感觉自己没啥自信，那就多去积累成功经验 / 026

不要让自动负性思维偷走你的好心情 / 032

PART 2 有效沟通
高情商的人如何应对冲突

面对别人的频繁否定，情商高的人应当如何应对 / 040

当别人对你大吼大叫时，如何做才能体现高情商 / 046

在愤怒的时候，试试非暴力沟通吧 / 053

在朋友心情不好的时候，如何安慰最有效 / 059

适当地自我坦露，成为沟通高手 / 066

和情商高的姑娘打交道，是一种怎样的体验 / 072

PART 3

赢得尊重
你的善良，必须有点锋芒

从今往后，我想做一个善良又霸气的人 / 080

面对不合理的要求，我们应当如何拒绝 / 086

适当地发怒，可以帮你赢得尊重 / 092

并不是所有人都喜欢被平等地对待 / 098

你是否具有被别人讨厌的勇气 / 105

我给那个给我差评的人打赏了两元钱 / 111

PART 4 压力管理
让压力变动力的管理秘诀

压力真的是有害的吗 / 118

目标管理：战胜压力的独门绝技 / 124

时间管理：三条法则帮你轻松迎战职场压力 / 129

精力管理：三招帮你告别力不从心 / 135

跑步，在我状态最差的时候拯救了我 / 140

失眠的时候，请接受身体内在智慧对你的提醒 / 147

PART 5

自我激励
自我怀疑才是最大的阻力

如何充满热情地去做一份平淡无趣的工作 / 154

如何从看似无趣的事情中获得最大的收益 / 160

比起奋不顾身的辞职，我更赞赏温柔的坚持 / 166

三个方法，帮助你坚持去做一件事 / 171

你必须足够努力，才会产生心流体验 / 176

不要让病态的野心阻碍你及时休息 / 182

PART 6 心理减负
快速化解负面情绪的实用方法

在尴尬时刻，我用五个步骤化解愤怒情绪 / 190

七个简单好用的方法，帮你快速战胜焦虑情绪 / 197

森田疗法的智慧：七个方法帮你战胜抑郁情绪 / 203

巧用这六个方法，天天逗自己开心 / 210

六个神奇问题，让你的心情由阴转晴 / 216

三种超简单的冥想方法，帮你重新焕发活力 / 222

PART 1

突破思维
请远离消极的思维模式

根据Frost等人的观点,"完美主义"被定义为一种"伴随着过度批评的自我评价,对工作设置过高的标准"。这种过高标准与恐惧失败相联系,从而导致人们产生回避行为,避免去做那些他们所恐惧的事情。

思维进化：人生持续精进的方法

戒掉完美主义心态，你才不会那么焦虑

01.

曾有一段时间，每到周二或周四，我都很容易感到压力巨大。因为我要求自己，要在这两天的晚上，各完成一篇2000字左右的心理学主题文章，然后在网络平台发布。

其实，以我现在的写作速度，花两个小时写一篇文章并不困难。那么，为什么我会有如此大的压力呢？答案就是四个字：完美主义。

我担心写出来的东西没有人愿意看，无法带给别人价值，最终变成我一个人的自嗨。于是，每次在网络平台发布文章后，我都会反复查看手机——看有多少人阅读、多少人点赞。如果阅读量和点赞量都很高，我就会很高兴。反之，我就会很失落。

在这种苛求完美心态的影响下，有一段时间我开始有些逃避写作，很难享受写作这件事情本身带给我的乐趣了。

后来，在读《向前一步》这本书的时候，我读到了"完成胜过完美"这句话。据说，这句话印在了Facebook总部的墙上。

这句话对我影响很大，非常有效地抚慰了我那颗苛求完美的、焦躁的心。我渐渐发现，再厉害的作者，也不能保证每篇文章都写得精彩。但是作为一名优秀作者，唯一能保持的就是持续不断地写作，持续不断地输出内容。

因为只有持续不断地写作，并且把这些文章发出来，才会得到源源不断的反馈，进而让自己的写作能力有所提高。

而苛求完美的心态，只会让一个人害怕去尝试，害怕去写作，最终丧失提高写作能力的机会，甚至连写出文章开头的勇气都没有了。

02.

根据Frost等人的观点，"完美主义"被定义为一种"伴随着过度批评的自我评价，对工作设置过高的标准"。这种过高标准与恐惧失败相联系，从而导致人们产生回避行为，避免去做那些他们所恐惧的事情。

在大多数情况下，完美主义是工作压力的重要来源之一。为什么这样说呢？

因为完美主义会使人们产生回避行为。说得再具体点儿，人们会因为害怕不完美而不断拖延，导致工作效率降低，从而陷入一种持续的焦虑情绪。

第一，完美主义导致做事情拖延。

很长一段时间以来，我一直想给一位来自澳大利亚的老太太写封感谢信。她的名字叫Heather，她是当年我在澳大利亚学习时的房东。她对我特别友好，带我四处游玩，请我吃饭，教我弹钢琴，还让我参加她的家庭聚会。临回国前，我们紧紧地拥抱在一起，十分不舍。

但是苛求完美的心态，使我在这件事情上一再拖延。我担心自己写的英文不够标准、出现语法错误，还担心字数太少难以表达出我的全部感情，等等。逢年过节，我总是想去做这件事，但是始终没有完成。直到有一天，我怎么也找不到她的电子邮箱地址了。这个遗憾，我只能一直藏在心底。

在《拖延心理学》一书中，作者曾经明确指出："拖延的人往往具有失败恐惧症。"而失败恐惧症又恰恰来自完美主义的人格特质。

第二，完美主义导致做事效率降低。

以前的我，在给别人发电子邮件的时候，要花费很长一段时间。我会反反复复检查邮件的附件有没有添加、内容中有没有低级错误。这种反反复复的检查，有时候近乎一种强迫。

而最终的结果就是，别人花10分钟就能发完一封邮件，我要花半个小时甚至更长时间才能完成。

在完美主义的作用下,我的做事效率变得很低。因为我总是在逃避那些重要的事情,先去做那些不太重要的小事,如回复读者留言,在网上挑选书籍,回复朋友圈里各种不重要的留言信息等,而读书、写作以及工作中一些重要的事情一件都没完成。

第三,完美主义导致心理焦虑。

在《幸福超越完美》一书中,积极心理学的讲师泰勒·本·沙哈尔指出,完美主义者很容易将小小的挫折夸大为大大的灾难,从而让自己的心情变得糟糕无比。

他还指出,"完美主义不但会引起焦虑,而且完美主义本身就是焦虑症的一种——对失败的焦虑"。

03.

下面,我们就来看看如何才能破除完美主义,减轻完美主义所带来的压力和焦虑情绪。

第一,相信"完成胜过完美"。

前些日子,我给自己许久未联系的一位老朋友打了一通电话。之前我一直在等一个"完美"的时机。例如,等到自己不忙了,等到自己心情特别好了,等到对方也想和我联系了……

有一天,我走在回家的路上,忽然想起了"完成胜过完美"这句话。于是,我马上就给这位老朋友打了一通电话。不巧,对方正在忙着应酬，我打电话的时机的确不够完美。但是从老朋友的声音中我能感觉到，接到我的电话他很高兴，至少他知道我一直都在惦记着他。

看看你的待办清单，是不是有很多还未完成的事情？那么就请以"完成胜过完美"为武器吧，暂时把"苛求完美"的心态丢在一边，先努力把这些事情逐件完成。

但是请不要误解，我并不是在阻止你追求卓越。因为我相信，一件事情只有先被"完成"，才会有被"完善"的机会，最终才能从"完成"走向"完美"。

第二，把失败当作进步的机会。

每次在网络平台上投稿，我都会留意每篇文章的数据，还会特别认真地分析那些被编辑拒绝的文章。我把"拒稿"这种小小的失败看成提高写作能力的最佳反馈，研究如何写稿才容易通过审读。

因此，我在笔记本上写下很多条反思内容，例如：文章一定要有一个吸引眼球的标题；文章一定要有干货，能够为读者提供价值；文章结构必须清晰，方便读者阅读；等等。

每次发布文章前，我都会对照这些标准认真阅读，自己先修改几遍，再谨慎地投出，这样投稿通过率就会得到提高。

完美主义者的核心特质是害怕犯错误，害怕任何形式的失败。可是完美主义者应该知道："人能犯的最大错误，就是害怕犯错误。"

失败并不可怕，关键是你如何看待失败。完美主义者将失败看成对自尊心的巨大打击，从而止步不前。而那些容易取得成功的人，则将失败看作一种最佳反馈，不断地改进自己，让自己变得更好。

第三，善于把握工作中的重点。

在工作前几年，我曾经是一个无药可救的完美主义者。每天从早到晚忙忙碌碌，我专挑那些不重要的事情做，有时候忙活一天下来，经常还会有一种非常充实的感觉。

后来我感觉不太对劲，整天忙忙碌碌，按说自己的发展速度应该挺快的，可是怎么工作几年下来，自己还在原地踏步呢？例如，给学生讲课的时候，我还讲着同一个段子；写文章的时候，还在引用几年前的案例。

经过一番认真的思考，我得出一个结论：自己掉进了一个很大的坑里。这个坑就是：事事追求完美，不善于把握重点。具体表现就是，总是通过忙一些不重要的事情逃避那些真正重要的事情。

后来，我向自己的"完美主义"发起了挑战。我开始允许自己在一些不重要的小事上做得不够完美，但是，在一些重要的事情上（如读书、写作、提升自己等）狠花力气。

渐渐地，我养成了一个习惯——每天坚持从最重要的事情开始做起。每天早上起来，我会在手机的记事本上列出当天三件最重要的事情，再挑选其中最重要的一件事情，先着手去完成。

　　一段时间下来，我发现自己的成长速度在不断加快，同时也不再像以前那样，总在夜幕降临的时候不停地为自己的前途感到焦虑了。

PART 1 | 突破思维：请远离消极的思维模式

比玻璃心更可怕的，是固定型思维方式

01.

大学毕业后，丽莎花了很大的力气进入了一家知名的广告公司。两年后，得知公司要选派优秀员工去香港参加培训，丽莎积极提交了申请，但是很不幸，她落选了。

丽莎感觉很失落。这个时候，恰好遇到公司的业务繁忙期，主管给丽莎安排了不少工作。丽莎忽然感觉异常焦虑，压力大得让她喘不过气，对未来的发展也失去了信心，产生了逃避问题的心态，于是她向公司提出了辞职申请。

这是一个平淡无奇的故事。但是，这种故事几乎每天都在不同的地方上演——有太多的人在遭受了一次打击后变得一蹶不振，破罐子破摔。

从表面上看，丽莎好像拥有一颗玻璃心。她因为一次小小的失

败就感觉备受打击。但是，隐藏在丽莎玻璃心背后的，却是一种比玻璃心更加可怕的东西——固定型思维方式。

"固定型思维方式"是卡罗尔·德韦克在《心理定向与成功》一书中提到的一个概念，主要有三个方面的特征。

第一，固定型思维方式认为，人的能力是固定不变的。这也是丽莎在落选之后会感到特别沮丧的原因。因为她认为自己的能力是固定不变的，如果这次落选了，那么下次一定还会落选。

第二，固定型思维方式认为，人的能力是可以被某一次成败证明的，如果遭遇了失败，那就说明自己的能力不行。因此，固定型的思维方式会让人产生逃避失败的心理。所以，丽莎会产生辞职的想法。

第三，固定型思维方式认为，失败是由个人原因造成的。拥有固定型思维方式的人，全然不考虑失败还可能是由外部因素造成的，例如缺少一点儿运气、客观条件限制等。实际上，公司的确考虑过让丽莎去香港参加培训，但是由于名额限制，这一次就没有选择她。也许公司下一次组织培训，就会优先考虑丽莎。

02.

通过上述分析，我们可以发现，拥有固定型思维方式的人，在受到失败打击的时候，很容易一蹶不振，人生也很难有大的发展。

与"固定型思维方式"相对的是"成长型思维方式"。什么是

"成长型思维方式"呢？爱迪生曾说过这样一句名言："我没有失败，我只是发现了一万种不成功的方法。"我们可以看出他具有一种和"固定型思维方式"截然不同的思维方式，在《心理定向与成功》这本书中，作者将其称为"成长型思维方式"。

拥有成长型思维方式的人，会认为失败是暂时的，只要不断地总结经验教训，迟早会取得成功；同时一个人的能力是可以通过努力不断提高的；而且，有时候失败是因为缺乏一些运气。一个人只要不断努力，运气就会越来越好。

在《活出更加乐观的自己》一书中，积极心理学之父马丁·塞利格曼教授提出，乐观者将失败看作暂时的、特定的、由外在的原因造成的结果；而悲观者将失败看作永久的、普遍的、由内在的原因造成的结果。

通过概念的梳理和对比，你会发现：所谓的"固定型思维方式"，就是一种悲观的解释风格；而所谓的"成长型思维方式"，就是一种乐观的解释风格。

03.

那么，我们如何做才能破除"固定型思维方式"，转向"成长型思维方式"呢？

第一，不要用人生中的某一次失败来定义自己。

我一直觉得自己是一个追求生命深度的人，同时我也觉得自己很适合做学术研究。于是，我产生了考博的想法。这一考，就是5年。

每一次，从考前焦虑到考试时的拼尽全力，从等成绩的万般着急再到得知落榜消息时的失落，这种折磨人的循环，我一连经受了好几年。

说实话，每次得知考博失败的消息，我都非常难过。尽管如此，我依然觉得自己只要再努力一把就能考上。"可能是自己还欠缺一点儿运气吧"，我默默地告诉自己。

终于，在第五次博士考试后，我被录取了。在备考的过程中，我经常对自己说一句话："不要用某一次失败来定义自己。"

拥有"固定型思维方式"的人，很容易犯以偏概全的错误。他们会因为一次失败而对自己的能力产生严重怀疑，觉得自己就是一个彻头彻尾的loser（失败者）。这时候，他们应该告诉自己："不要用某一次失败来定义自己。"

第二，把失败和挫折看作成长的机会。

有人说，一帆风顺的人生注定是平庸的人生。为什么呢？因为人们在经历顺境的时候，心智很难得到成长；反而在经历挫折之后，心智会走向成熟。

在经历了长达一年的失眠之后，我发现了逃避问题的巨大危害，开始懂得去追随自己的内心做事情。而且，我开始变得比以前更加积极主动，更加务实。

PART 1 | 突破思维：请远离消极的思维模式

在经历了3年的异地恋之后，我变得更加珍惜爱情，因为我明白一份亲密关系能对心灵产生积极意义。同时，我也懂得爱情是需要花心思去经营的，而不能仅仅靠激情去维持。

在经历了一段时间的偏头痛和糟糕状态后，我懂得了休闲和运动的重要性，懂得了如何对自己的精力进行有效管理。

而拥有"固定型思维模式"的人，总认为人的能力是一成不变的，因此就会逃避各种失败和挫折，小心翼翼地待在自己的舒适区，最终错失大量成长的机遇。他们应当把这些失败和挫折看作成长的机会，然后默默地用尼采说的那句话来提醒自己："那些杀不死我的，必将使我更加强大。"

第三，相信"越努力，越幸运"。

我刚刚接到一通销售电话："您好，请问您对投资××地方的商铺感兴趣吗？我们的商铺处于××黄金地段，投资回报率非常高…"

和大部分人一样，没等对方把话说完，我就匆匆挂了电话。但是你要知道，这个世界上一定有人会耐心接完电话，并且真的愿意去实地考察商铺，然后真的会买下商铺。否则，电话销售这个行业早就绝迹了。

一名成功的电话销售人员，必须有一颗非常强大的心脏，否则很难取得好的业绩。《活出最乐观的自己》一书曾经提到过这样一项研究结果，前10%乐观销售员的业绩比后10%悲观销售员的业绩多了88%。

所谓乐观的销售员,就是指我们前面所提到的拥有"成长型思维方式"的销售员,他们会把"客户粗暴地挂断电话"看成"暂时的失败"。同时他们相信"越努力,越幸运",他们也相信,只要不断地尝试下去,就一定会找到那个真正想买商铺的人。

而对于一个拥有"固定型思维方式"的销售人员来说,遭遇客户的拒绝简直就是对自己能力的极大否定,用不了多久,他们就会变得郁郁寡欢,信心全无,最终离开这个充满压力的行业。

所以对于一个拥有"固定型思维方式"的人来说,一定要相信"越努力,越幸运"的道理。这可不是什么有毒的心灵鸡汤,其中的道理很简单:因为当一个人尝试的次数增多了,成功的概率自然会跟着提高。

PART 1 | **突破思维：请远离消极的思维模式**

不要让那么多的"可是"，毁掉你那么大的野心

`01.`

一位学生过来找我做咨询。

学生："老师，我对未来感到很迷茫，你能不能帮帮我？"

我："嗯，你感到很迷茫，是因为你对未来没有明确的目标吗？"

学生："我有目标啊。我想学编程，然后去做游戏开发。最终，我想开发出一款超级棒的手游。"

我："哦，不错，很有野心嘛！那你既然有目标，为什么还会感觉迷茫呢？"

学生："可是，像我们这种二本学校毕业的学生，根本就没有机会进入优秀的公司啊！我如果不能进入优秀的公司，就没有办法和优秀的团队一起开发游戏了啊。"

我："哦，那下面我们就一起来探讨一下，是不是二本院校的学生就真的没有办法进入优秀的游戏制作公司了呢？你是如何得出这个结论的？你是否能够找到例外的情况呢？"

学生开始陷入了沉默。我没有刻意去打破这种沉默，因为我知道沉默就意味着思考和转变正在慢慢发生。

过了一小会儿，学生打破了沉默："也许二本院校的学生有机会进入好的游戏公司，可是这种概率太低了啊。"

我："一个人想要有所成就，走哪条路都不容易。你已经有了明确的目标，在这一点上你已经超越很多人。要不我们一起来探讨一下，如何做才能逐步实现你的人生目标——成为一名优秀的游戏软件开发人员？"

学生："可是，老师，我根本就不是学计算机专业的啊！"

我："哦，据我所知，学校有相关的转专业政策，你可以考虑转专业啊！"

学生："可是，老师，转专业很难啊，需要参加转专业考试，同时对第一年的学习成绩也有很高的要求，万一转不成专业该怎么办？"

我："转不成专业，你依然可以在不耽误所学专业的前提下，参加相关的培训或者考取相应的资格证书啊。"

学生："可是，老师，这种考证培训通常需要花很多钱，而我只是一个穷学生啊！"

面对这么多的"可是",我一时语塞,感觉自己的心好累。

02.

曾经,有人在网上向我请教问题。

提问者:"老师,我是乡镇上的一名小学老师,工作5年了。我感觉周围的环境太封闭,没有任何挑战性。我对教学也没有什么兴趣了,因此想去市区重新找一份工作,您觉得可行吗?"

我:"你有一颗想要追求更好生活的野心,说明你不甘平凡,这一点很好。既然你已经挣扎5年时间了,相信你各方面应该考虑得都比较成熟了。而且和刚刚毕业的大学生相比,工作5年的你,应该有了一定的经济基础,即使一时找不到合适的工作,生活也不会过得太艰苦。如果是这样的话,你就可以大胆做出决定,去市区找份工作,慢慢起步,过你想要的生活。"

提问者:"可是,老师,我对自己的能力没啥自信。我担心自己没有一技之长,去了市区根本就没有办法养活自己,该怎么办?"

我:"哦,那你就再多给自己一段时间,骑驴找马。你可以利用业余时间去学习或打磨自己的一项核心技能,等到有了一技之长之后再跳槽吧。"

提问者:"可是,老师,我不知道自己应该打磨哪一项技能啊!我曾考虑过成为一名心理咨询师,但又不知道自己是否真的适合做这一行，我该怎么办？"

我："哦，适不适合做心理咨询师，要根据你的个人实际情况做判断。我建议你去读一些心理咨询方面的书，然后看看自己是否真的感兴趣，再做决定。当然，你也可以报一个心理咨询师的培训班，接受一些专业的指导，建立一些这方面的人脉。这种方法或许更加直接一点，可以更加快速地解决你的一些疑惑。"

提问者："可是，老师，我听说报心理咨询师的培训班通常都很贵。万一我不适合做心理咨询师，培训费岂不白白浪费了？"

面对这么多的"可是"，我一时语塞，感觉自己的心好累。

03.

各位，不知道读到这里，你是否有和我一样的感受？

当我在和这些喜欢说"可是"的来访者进行交谈的时候，每当来访者说完一个"可是"时，我就会觉察到心里产生了一种无力感，或者一种深深的疲惫感。

因为我提出的种种积极尝试，都被那么多的"可是"拒之门外了。

在长期做心理咨询的过程中，这种感觉并不陌生。这种善于说"可是"的行为背后，隐藏着两种深层次的心理原因。

首先，善于说"可是"的背后，是一种自卑的心理在作怪。

那些善于找借口的人，骨子里往往有些自卑。那么多的"可是"背后，实际上就是一个自卑的人在通过找借口的方式来维持自己脆弱的自尊心。

找借口的潜台词就是：你不能怪我的能力不强，我之所以无法实现目标，是因为受某种客观条件的限制。

也许有人会说，那些善于找借口的人，好像都有很大的野心，看起来并不自卑啊。其实，我们可以把野心看成自负的一种表现。自负和自卑就像一枚硬币的正反面，它们的共同点就是——不能客观地认识自己。而自负只不过是对自卑心理的一种过度补偿罢了。

其次，善于说"可是"的背后，是"逃避问题"的思维方式在起作用。

只要认真观察，你就会发现，那些总是在说"可是"，不停地为自己找理由的人，根本就不想真正解决问题，他们总是在逃避问题。不管有多么好的策略摆在他们面前，他们总能快速找到理由去否定这些策略。他们排斥采取任何实际行动去改变现实。

"逃避问题"的思维模式，实际上是很多心理问题的根源。斯科特·派克在《少有人走的路》一书中指出："回避问题和逃避痛苦的倾向，是人类心理疾病的根源。人人都有逃避问题的倾向，因此绝大多数人的心理都存在缺陷，真正的健康者寥寥无几。有的逃避问题者，宁可躲藏在自己营造的虚幻世界里，与现实生活完全脱节，这无异于作茧自缚。"

04.

下面,我们就来看一下如何才能摆脱总是喜欢说"可是"的思维方式。

答案很简单:人生有两种痛苦——"逃避问题所带来的痛苦"和"直面挑战所带来的痛苦"。总是喜欢说"可是"的人,必须从这两者中选择一种痛苦去承受。

第一种痛苦是逃避问题所带来的痛苦,是消极的痛苦。

为什么说这是一种消极的痛苦呢?因为当你逃避问题的时候,问题会一直摆在那里,无法得到解决。虽然你可以不断地说"可是",找各种各样的理由,拒绝做出改变,但最终的结局就是,你退到无路可退,人生的道路越走越窄,这种痛苦甚至会演变成心理问题。

第二种痛苦是直面挑战所带来的痛苦,是积极的痛苦。

为什么说这是一种积极的痛苦呢?因为你已经开始动手解决问题,虽然在解决问题的过程中会碰到很多困难和挫折,但同时你的潜力得到了发挥,你的能力得到了提高,你变得越来越强大,最终你会成为生活的强者。

面对这两种痛苦,你会选择哪一种呢?是不停地说"可是",还是勇敢地面对生活中的各种挑战,让自己变得更强大?

这一切,都在你的掌控之中。

不要害怕孤独，因为它会让你精神饱满

01.

我曾经在原单位上班的时候，从家到工作单位，单程需要2个小时。也就是说，我通常要花4个小时"对付"上海拥挤的地铁。

有的晚上，我会在工作单位值班或者上选修课，结束之后马上往家赶，到家也将近夜间10点了。

在儿子出生后，家里又多了一份牵挂。很多时候，我紧赶慢赶回到家，2岁多的儿子已经进入梦乡；第二天早上还没等儿子醒来，我就又要乘坐最早一班的地铁赶在早上8点之前上班。

我心里会感到很惆怅，因为来不及和儿子说一会儿话，陪他好好玩一会儿。我只好这样安慰自己，至少昨天晚上，我和儿子呼吸了同一片空气。

回家的路程太远，需要做的事情却越来越多。在家人的支持

下，我在校内申请了宿舍，通常只在周末回家。

于是，不能回家的我经常需要面对的一个问题就是，每天下班后如何排解孤独感。

每天下班后，我一个人从办公室走出来，回到一个人住的寝室换衣服，然后一个人去操场上运动一会儿，接着一个人去餐厅吃饭，再一个人回到办公室学习或写作一会儿，最后再一个人回到寝室休息。

作为一个生性内向敏感的人，孤独就像一股强大又深沉的背景音，重重地揉进了我的生活里。

02.

起初，我很害怕也很讨厌这种孤独的感觉。为了排解孤独，我会打着留在单位好好读书学习的幌子，花费大量的时间玩手机，比如，刷头条新闻，看各种各样所谓的趣味视频。

漫无目的地玩一两个小时的手机后，我会产生一种难以言说的空虚感。

还有人会通过谈恋爱排解孤独。有个学生曾经告诉我，因为害怕孤独，他就和一个女孩谈恋爱了，两个人在一起并没有什么心动的感觉，也没有将来结婚的目标，只是为了共同打发无聊的时光罢了。我觉得这是件很恐怖的事。

这个学生还煞有介事地告诉我："年轻人，不在寂寞中恋爱，就在寂寞中变态。"

这是一种非理性的恋爱观，不妥之处就在于把孤独等同于寂寞，同时把孤独看成不好的东西。

改变我对孤独的看法的一本书，是蒋勋的《孤独六讲》。他在书中这样写道："孤独并非寂寞。孤独和寂寞不一样：寂寞会发慌，孤独却是饱满的。""孤独没什么不好。使孤独变得不好的，是因为你害怕孤独。"

短短的几句话，我读了很多遍，感觉它们散发着睿智的光芒。

当害怕孤独的时候，喜欢走捷径的人就会不停依靠各种外在的刺激转移注意力。无论是玩手机、打游戏，还是随便谈一场没有质感的恋爱，都会让一个人远离饱满的精神世界。

而且，外在的刺激一旦停下来，就会让人马上陷入精神上的空虚。

03.

在长期和孤独相处的过程中，我慢慢开始觉得，孤独并不是一件坏事。而且，一个能够忍受孤独的人，才会走向真正的成熟。

首先，孤独的时候，我们要学会和自己相处。

蒋勋在《孤独六讲》中写道："我一直觉得，孤独是生命圆满的开始，没有与自己独处的经验，不会懂得和别人相处。所以，生命当中第一个爱恋的对象应该是自己。写诗给自己，与自己对话，在一个空间里安静下来，聆听自己的心跳和呼吸，我相信，这个生命走出去时不会慌张。"

哇，"写诗给自己，与自己对话"。这是一个多么美好的画面。这让我想起了李白的诗句："花间一壶酒，独酌无相亲。举杯邀明月，对影成三人。"总之，一个懂得好好和自己相处的人，才会活得更加自信从容。

其次，孤独的时候，我们依然应当保持生活的质感。

曾经一个人的时候，每当到了饭点，我就到学校的食堂里买点儿米饭加菜随便凑合一顿。心里想，等到周末回家我再改善伙食。

后来，我想，生命中第一个爱恋的对象应该是自己，我要对自己好一点儿，要过有质感的生活。于是下班后，我就会到学校对面的商业广场，换着花样吃点儿好吃的。渐渐地，我知道了学校附近的餐厅哪一家的蛋炒饭做得最好吃，哪一家的羊肉泡馍最正宗。

一个人的时候吃点儿好吃的，会让我感受到孤独带来的一种尊贵感。这和两个人去吃饭有所不同，一个人在享受美食的时候不需要考虑如何迁就或取悦另外一个人，可以全身心地感受自己和美食的相遇。

最重要的一点，在孤独的时候，我们应当卖力地提升自己。

在孤独的时候，我经常会提醒自己，这可是提升自己的绝佳时机。我们只要在孤独的时候卖力地提升自己，就可以让自己在未来融入人群的时候变得更加从容自信。

PART 1 | **突破思维**：请远离消极的思维模式

所以，在孤独的时光里，当忍不住要去玩手机、随意打发时间的时候，我就会反复告诉自己：不要随意挥霍这宝贵的孤独时光，要让它变成自己回归人群时发光的资本。

慢慢地，我开始把自己下班后的孤独时光安排得井井有条。例如：16点到18点运动、吃晚餐；18点到20点读书或写作；20点到22点放松，和家人视频聊天；22点之后，读书，写反思笔记，准备睡觉。

渐渐地，我发现，好好利用这宝贵的孤独时光，可以让自己变得更加优秀。

在上面的文字中，我为孤独添加了很多美丽的注脚。但不可否认的是，人都有社会性的一面，没有人喜欢一辈子都过着孤独的生活。我真正要表达的是，当迫不得已要去面对孤独的时候，我们可以选择用更加积极的心态去化解。

孤独的时候，你不妨写诗给自己，好好地对自己，让自己奋进。这样，孤独就可以变成一种让人精神饱满的东西。

总感觉自己没啥自信，那就多去积累成功经验

01.

我从来不觉得自己是一个擅长写作的人，但是我相信勤能补拙的道理。近几年，我一直都在坚持写作，截至这篇，我总共写了20多万字的文章。

写着写着，我把一些文章陆续发表了。记得第一次接到某家报纸写专栏的邀请的时候，我激动得差点儿跳起来。随着成功经验的渐渐增多，我在写作方面的自信心也在不断提升。

记得刚开始在某网络平台上发布了一两篇点击量还不错的文章之后，就开始有图书公司联系我，问我是否有意愿出书。

第一次收到写书邀约，我一点儿自信都没有，根本不敢和对方谈条件。当时我心里就想："能有人看上自己写的文章，并且愿意帮忙出版，这已经很不错了。千万不要谈什么条件惹怒对方，否则

对方一生气就不会和我合作了。"

随着被转载的文章越来越多,我逐渐成为很多平台的专栏作者。接下来,我陆陆续续地接到好几个图书公司的写书邀约。这时,我已经能够非常自信地和对方谈条件了。如果要出版一本书,我不仅对版税有要求,对首印数也有一定的要求。

你如果想写作,但又对自己的写作水平没什么自信,那么最好的方法就是多练习。写好文章后,你还要在不同的平台上发布,让更多的人知道你、认可你。积累了一些成功经验后,你在写作方面的自信心就会得到不断提升。

当然,我们投稿被拒绝是一件很平常的事情。记得我刚刚在某网络平台首页投稿的时候,有时连投5篇,才有1篇文章被录用。

辛辛苦苦写完的文章被拒,我感觉真不爽。但我在心里默默告诉自己,不要放弃。嗯,投5篇才会被录用1篇,根据这个概率,如果我想有10篇被录用,那么我就去写50篇文章好了。

只要有和自己死磕到底的精神,你就会发现,做成一件事情根本就没有那么难。

02.

从小学到高中,班主任给我的年终评语中都会出现同样一个词——自卑,而身边的同学给我最多的一个评价是另一个词——内向。

看到"自卑"和"内向"这两个词，相信你可以猜到，当众讲话这件事对那时的我来说，是一条多么难以逾越的鸿沟。

高考结束后，我选择去外地上大学。当时让我最开心的一件事情就是，我终于可以到一个没有人认识自己的地方去尽情生活了，因为这就意味着别人给我贴的那些负面标签暂时性地消失了。

最重要的是，我想改头换面重新开始，做一个不一样的自己。

进入大学后，我鼓起勇气，通过竞选当上了班长。这时我才发现，"自卑"和"内向"这两个心理特质并没有因为环境的转变离我而去。它们一直都跟随着我，尤其是在需要我当众讲话的时候，让我很容易过度紧张。

作为班长，我经常需要当着全班同学的面去说一些事情。即使只是很短的一段讲话，我都需要在心里准备很长时间。但是等到真正开始讲话的时候，大脑又变成一片空白。

但是我相信自信心是可以通过自己的努力去培养的。为了锻炼自己当众讲话的能力，我抓住一切机会去练习表达自己。

上课的时候，我会坐第一排，这样可以得到更多回答老师问题的机会。学校里只要有演讲比赛，我就咬咬牙、跺跺脚，先报上名再说。慢慢地，我当众讲话的能力在不断提高，我对自己的演讲水平也越来越有信心。

后来，我应聘到培训机构去教英语；再后来，我开始在学校上幸福课；我受邀到不同的地方去做心理学讲座，在演讲的时候，台下的听众有时会有几百人。

我特别相信一万个小时成功定律。你只要在自己感兴趣的领域积累到一万个小时的努力,就会成为这个领域的专家。

03.

读大学的时候,我学的是心理学专业,但那时我特别羡慕英语口语好的同学。于是在课余时间,我经常一个人跑到操场上去大声朗读英语。

有段时间,我特别迷恋"疯狂英语",浑身上下都充满了一股子疯狂的劲儿。坦白说,疯狂英语的确让我变得敢于张开嘴去说英语,同时练就了一口听起来还算不错的美式发音。

但是当我第一次和学校外教聊天的时候,我才发现曾经那么长时间的努力,好像只是在自己感动自己。虽然我可以背诵不少文章,张开嘴就可以复述自己背诵过的英语文章,但是我却无法和外教交流。

从那一刻起,我意识到,要想讲一口流利的外语,最有效的方法就是多去和外国人对话,多去积累口语交流经验。记住再多的英语单词,背过再多的英语文章,我如果不能熟练地用英语进行交流,都无法拥有在英语口语方面的自信。

我开始努力去抓住各种机会找外国人聊天,尝试了很多办法,例如尽可能多地去参加各种各样的英语角,请外教吃饭,蹭外教课，报名参加国际会议的志愿者，等等。有时候在学校看到外国人，我就会鼓起勇气走上前去和对方聊几句。

后来，我进入学校工作，开始给外国留学生做辅导员，于是有了更多的机会锻炼英语口语表达能力。虽然没有什么厉害的英语证书傍身，但是随着和外国人聊天次数的增多，我对自己的英语口语越来越自信。

04.

在心理学上，有一个和"自信心"非常相似的概念叫作"自我效能感"。

根据社会学习理论创始人班杜拉的理论，对"自我效能感"影响最大的一个因素就是"个人的成败经验"。一个人如果想要提高自我效能感，最直接的方法就是多积累一些成功的经验。

也就是说，你如果在某一类事情上成功的经验越多，就会在此类事情上越自信。例如，你如果在当众演讲方面取得的成功经验越多，就会对自己的演讲水平越自信。

当然，父母、长辈、老师对你的鼓励也会提升你的自信心，但是提升自信心最直接的方法还是多积累成功的经验。

你如果不努力积累成功的经验，纵使读再多的心灵鸡汤文章、看再多的成功学方面的书、收到别人再多的鼓励，都没有办法给自己带来真正的自信。

那么，我们到底该如何积累更多的成功经验呢？答案就是要多尝试，不要害怕犯错误，先从一些失败的经验开始积累。我们只有从失败的经验中不断地反思，继续尝试，才能逐渐积累越来越多的成功经验。当成功的经验积累到足够多的时候，自信心就产生了。

不要让自动负性思维偷走你的好心情

有时，我是一个非常敏感又很容易焦虑的人。面对一些"不好"的事情，我经常会用一些消极的思维方式去解读，导致心情持续低落。

很多时候，我庆幸自己学了心理学专业。通过学习心理学的知识，我对自己存在的问题有了更好的觉知。我也会运用所学的心理学知识，让自己更快地从负面情绪中走出来。

在这里我要和大家分享的是：心理学中认知疗法代表人物阿伦·贝克提出的六种常见的自动负性思维以及相关的应对策略。下面我们就一起来看看容易偷走我们好心情的六种自动负性思维。

01. 随意推论

所谓"随意推论"，就是指不顾事实依据，首先想到最糟糕的情况，或者对事情做出"灾难化"的预测。

举个例子。我的本科毕业证书和一层塑料纸粘在了一起，导致证书上面的字迹有些模糊。每当看到自己的毕业证书的时候，我的心里都会非常难受。

我经常担心有人看到我的毕业证书，会带着怀疑的眼神说："你的毕业证书像一张假证。"有时候，我甚至会沉浸在这种消极的思维中无法自拔，心情长时间处在低谷中。我甚至会想，辛辛苦苦念了四年大学，就好像白念了一样，因为毕业证书看起来像假的。

然而，这种消极的思维方式经不起认真推敲。并且，就算真的有人怀疑毕业证书的真伪，只要到教育部的网上平台去查询一下就可以了。我何必整天处于惶惶不安之中呢？

02. 过度推断

所谓"过度推断"，是指将某次意外事件所产生的不合理信念不恰当地应用在不相干的事件或情况中。

举个例子。我曾经因为一件小事和好朋友产生了一些矛盾。后来，我给这个朋友发信息，他始终没有回复我。从此，每当我给别人发信息，如果对方没有马上回复我，我就很容易胡思乱想。

如果是给领导发送信息，领导没有马上回复，我就会想："是不是我某项工作做得不好，得罪领导了？"如果是朋友没有马上回复，我就会开始担心："是不是自己做错了什么事情，让朋友生气了？"如果是学生没有马上回复，我就会开始担心，"是不是自己说话的方式有问题，和学生产生距离感了？"

03. 选择性概括

"选择性概括"是指仅仅根据某个细节得出整体性的结论，忽略了背景中的其他重要信息。

举个例子。曾有一个机构让我帮忙录制一节心理学的公益课程。课程大概15分钟，需要一口气说完。录完第一遍，我感觉效果不错。但是重新听了一遍，却发现里面出现了一次口误。

于是，我决定重新录制一遍，结果连续录制了五六遍，总体效果都不如第一遍好。由于对方要得比较紧，我就战战兢兢地把第一遍的课程录音发给了对方。同时在心里想，这一定是一次非常失败的网络课程，因为录音里竟然出现如此明显的口误。

然而事实证明，我犯了"选择性概括"的错误。这节公益课程听众反馈很好，也就是说听众并没有像我一样，因为一次小小的口误而否定整节课程。

04. 夸大失误

所谓"夸大失误"，就是指任意夸大自己的失误和缺陷，深陷消极情绪中不能自拔。

举个例子。我经常会因为一时兴起说出的某句话后悔半天。真是应了那句话：一句话还没说出来之前，你是这句话的主人；而这句话说出来之后，你就变成了它的奴隶。

然而，并不是所有的话都会造成灾难性的后果。因此，在很多情境下，我总是反应过度，过于患得患失。

很多时候，对方可能早已忘记了我所说的这句话，但我还是会长时间沉浸在一股"焦虑加后悔"的情绪中不能自拔，这就是一种典型的"夸大失误"。

05. 两极思维

两极思维指的是，将事情看成非黑即白、非对即错。

举个例子。每次写完一篇文章之后，我会向不同的平台投稿。

我内心深处经常遵循这样一种逻辑——如果这篇文章没有被我欣赏的平台录用，我就会觉得它一文不值，再也不想多看一眼。

这就是一种典型的"两极"思维。有一次，我在微信上收到一个加好友的请求，对方是一家比较大的图书出版公司的编辑。原来这位编辑看到了我在订阅号上写的一篇文章，感觉不错，所以想问问我有没有出书的打算。

然而，这篇文章在我之前投稿的过程中曾被不少平台拒绝过，所以也被我打入了"冷宫"，差点儿被删掉。没想到，这篇文章竟然吸引了图书公司编辑的注意。

06.个人化归因

所谓"个人化归因",即认为一切不好的事情都是自己造成的,并为此感到内疚或自责。

举个例子。在办公室,如果有哪个同事心情不太好或者不太愿意搭理我,我的第一反应就是——是不是自己不小心说错了什么话或者做错了什么事,让对方不高兴了?

在家里,因为和老人住在一起,如果岳父岳母心情不好,我的第一反应就是——是不是自己哪里做得不对,让老两口生气了?这就是一种典型的"个人化归因"。

上面详细探讨了六种常见的自动负性思维,下面我们就来看看应对策略,主要有三个。

第一,识别自动负性思维。

通常来说,觉知问题是解决问题的第一步。

你如果被上面提到的这些自动负性思维困扰,第一步就是识别问题,将这些破坏好心情的"凶手"揪出来。你最好将上面提到的六种自动负性思维认识得透彻一点,一旦发现它们开始瓦解你的好心情,你马上就可以产生比较清晰的自我觉知。

你如果无法识别这些自动负性思维,就很容易深陷消极情绪的旋涡中无法自拔,任由这些自动负性思维摆布,让你长时间都处于低迷的状态。

第二,进行真实性检验。

PART 1 | **突破思维：请远离消极的思维模式**

第一步就像把影响我们的负性思维"曝光"了。第二步，我们就要对这些"凶手"进行严格的审问。这个时候，我们拥有的最有力武器就是——对这些自动负性想法的真实性进行检验。

只要以事实为依据和这些自动负性想法进行辩论，你就会发现：绝大部分自动负性思维都是站不住脚的，我们所担心的事情，99%都不可能发生。

比如，在文章开头所举的例子中，"毕业证书上的字迹模糊不清"并不等于"大学白念了"，因为有太多的事实证据可以证明我是读过大学的；再比如，在录制语音课程时出现了一次小小的口误，也并不能说明整节课程都很失败，因为事实证明课程还是非常受欢迎的；等等。

第三，顺其自然，为所当为。

你如果无论如何都无法停止大脑中这些不停运转的自动负性想法，该怎么办？

这个时候，我们可以借助心理咨询中的"森田疗法"，指导自己摆脱这种反反复复出现却无法停止的思考活动。"森田疗法"可以被总结为8个字：顺其自然，为所当为。

所谓"顺其自然"，是指清醒地意识到，我们的情绪通常都有一个开始、高峰和衰退的过程。我们如果努力和这些思维抗衡，是徒劳无益的。我们所能做的，就是全然接纳这些负面想法和情绪的存在，不做无谓的抗争。

所谓"为所当为",是指不要受消极情绪控制,此时此刻你应该干什么,就去干什么。如果到了该运动的时间,你就去运动;如果到了该读书的时间,你就去读书。

你即使此刻心情不好,不想做这些事情,只想躺在床上胡思乱想,也要坚持去做这些事情。因为只有通过做具体的事情,你的注意力才可以得到转移,心情才会一点点好起来。

如果能够做到以上三点,你就会发现,负面的思维方式和消极的情绪会慢慢消失。更重要的是,你会发现,快乐和幸福的主动权一直掌握在自己手里。

PART 2

有效沟通
高情商的人如何应对冲突

发生冲突时，你以客观事实作为依据进行解释就足够了。通常，经过这种不亢不卑的解释，你会重新赢得对方的尊重。而且在下一次对方忍不住又要朝你发火的时候，他会三思而后行。

面对别人的频繁否定，
情商高的人应当如何应对

01.

Lisa最近很不爽。因为单位人事变动，她迎来了一位新领导。

工作两年来，Lisa尽职尽责。老领导交办的事情，她总是尽全力去完成。在各种公开场合，老领导总是把Lisa作为先进典型进行夸奖。在老领导眼中，Lisa是标准的三好员工。

然而，老领导的调离，仿佛也带走了Lisa身上所有的荣耀和光环。新领导上任之后，无论Lisa多么努力地表现自己，新领导始终对她不冷不热。

更令Lisa感到痛苦的是，新领导好像总是喜欢通过频繁地否定Lisa来树立自己的权威。他一会儿批评Lisa在工作中不注意细节，一会儿指出她在业务能力方面存在一些问题。

心理学家多拉尔德等人提出过一个挫折—攻击理论。该理论认为，挫折会导致某种形式的攻击行为。受到频繁否定的Lisa，在情绪上波动很大。一向稳重的她，开始做出一些低情商的举动。

比如，在部门例会上，Lisa开始公开和领导唱反调；领导在微信群里通知消息的时候，Lisa很少主动回复。此外，Lisa还经常在背地里说领导的坏话，将领导妖魔化。

嗯，你没看错，Lisa正在选择通过一种低情商的应对方式葬送自己的职业前程。

02.

Lisa的问题所在，就是她不知道在别人频繁否定自己的时候，应该采用哪种高情商的方式去应对。

这个问题非常具有典型性。因为在职场，总有一些人会自带否定他人的倾向。在工作中，这一类人很少赞赏他人，而是带着挑剔的眼神去打量他人。习惯否定别人的人，往往具有一种完美主义的人格特质，他们总能快速定位别人身上的不完美之处，然后对其进行否定。

你如果做深入的心理分析，就会发现，那些习惯否定别人的人，往往成长于一种权威式的家庭教育氛围。他们的父母比较严厉，习惯否定自己的孩子。因为父母是孩子的第一任老师，所以父母与孩子之间如何交往，通常会影响孩子成年后与其他人的交往。

虽然上述这些分析不能马上帮你解决现实中的一些问题，但明白了其中的道理，你下次面对一个习惯否定你的人的时候，就不会再那么难以释怀。

像上文提到的Lisa一样，在面对别人的否定的时候，我们的第一反应往往是找机会进行反击，进而发泄自己的消极情绪。

但是，这种想法和做法不仅会让你的工作环境充满负能量，消耗你大部分的工作热情，更糟糕的是，整天盘算着怎么复仇，整天寻思着自己受到了哪些伤害，会浪费你大量的宝贵时间。

要知道，时间是最宝贵的资源。同样的时间，我们如果用来提升自己，可以让自己变得更加强大。但是如果用在如何对付另外一个习惯否定你的人身上，你就亏大了，因为这将会构成一笔巨大的沉没成本。

03.

下面，我们就来看看面对别人的频繁否定时情商高的做法。

第一，接纳对方——也许对方并不是在针对你。

我曾经有一个朋友，在和她沟通的过程中，我总感觉特别吃力，因为她特别习惯否定我。她的口头禅就是"可是……""切……""哄小孩呢……"

每次受到她的否定后，我都会很生气。于是，我总喜欢和她辩论。但这种辩论往往会使我更加生气。后来，我发现了一个真相，而且这个发现让我如释重负——那个习惯否定我的朋友,也会频繁地否定其他人。

所谓接纳对方,是指当下次有人否定你的时候,你不妨告诉自己:"也许这个人并不是在针对我,这只是他的一种固定行为模式而已。"

第二,接纳自己——相信你的价值是由自己来定义的。

有些人一旦遭到别人的否定后,就会垂头丧气,感觉自己的存在没有任何价值,进而丧失在职场继续前进的信心。

所谓接纳自己,是指相信自己的价值是由自己来定义的,而不是由其他人定义的。当有人否定你的时候,你要大声告诉自己:"即使得不到你的认可,我的存在依然具有价值!"

当然,要想自信地说出上面这句话,你的身上最好有那么一两项过硬的技能,或者有一两项拿得出手的兴趣爱好。

你如果有一两项过硬技能,就不必看别人的脸色吃饭了,"此处不留爷,自有留爷处";你如果有一两项兴趣爱好,就可以在心情不好的时候,通过做一些自己真正感兴趣的事情转移注意力,让自己的坏心情得到拯救。

第三,专注提升自己——这是你唯一能够把握的东西。

在文章开头的例子中,Lisa之所以会感到特别难受,是因为她自己没有办法控制领导对她的态度——即使努力工作,依然会被挑毛病,所以Lisa非常有挫败感。

从心理学的角度来讲，很多痛苦的产生，就在于一个人执着于去改变自己无法改变的事情。很多时候，我们是没有办法控制另一个人对待我们的态度的。有时候，你即使做得特别好，还是会被对方否定。

这时候，你不妨告诉自己，此刻我唯一能把握的东西，就是专注地提升自己。因为只有当自己变得更加强大了，你才会更加自信，让他人更加尊重自己。

第四，让别人知道你的厉害之处——因为酒香也怕巷子深。

我的一位朋友特别厉害，在一家国企工作，不仅持有赛车的驾照，而且口才特别好，经常在业余时间被很多大公司邀请去客串大型活动的主持人。

但是有一天，他告诉我，他也经常被自己单位的领导否定。我说："你都这么厉害了，还会被领导否定？"他告诉我："我的厉害之处，领导又不知道。我还在微信上把领导屏蔽了，不让他看我的朋友圈。"

"为什么不让领导知道你的厉害之处呢？"我问他。"我不想显得太高调啊！"他回答道。

在现实生活中，很多人误解了"高调"的真正含义，只有那些没有真正实力还到处显摆的人，才叫高调。真正有实力的人，适当地展现自己，怎么能算高调呢？要知道，酒香也怕巷子深啊！

后来，在我的建议下，我的这位朋友有意让领导知道了自己的厉害之处。他还积极地参加单位组织的一些活动,自告奋勇地当主持人。后来,领导越来越器重他,很少再当面否定他。

第五,积极给予对方肯定——用互惠法则去影响对方。

习惯否定别人的人,往往习惯通过否定别人来抬高自己。在他们的内心深处,特别渴望别人给予自己积极的肯定。

无论否定你的那个人是你的领导,还是你的同事,你如果能主动去肯定那个经常否定你的人,或许他就会慢慢卸下身上的防御机制,丧失原本的攻击性。

社会心理学著作《影响力》一书提到过一个"互惠法则":当你给别人一个恩惠的时候,别人也会忍不住还你一个恩惠。同样的道理,当你尝试给予对方积极肯定的时候,对方也会忍不住用同样的方式对待你。

然而,问题是,你是否有足够的勇气和胸怀先迈出第一步?

当别人对你大吼大叫时，如何做才能体现高情商

01.

在大学即将毕业的时候，我到一家培训公司实习。没过多久，部门主管给我安排了一项任务——有一批学员的课程即将结束，让我组织一场告别联欢会。筹备时间比较紧张，只有3天时间。

在那3天时间里，我几乎用尽了全身力气去筹办这场联欢会。我虽然做了很充分的准备，但联欢会当天还是出了状况——联欢会马上就要开始了，可演出人员的服装还没到位。

然而，当初在筹办联欢会的过程中，我曾经向主管请示过是否需要统一购买服装的问题。当时主管的回答是："公司去年办联欢会的服装还在仓库里，就不必浪费钱去购买了，到时我让Lucy去拿。服装、道具这些事情你不用管，你只要负责把联欢会节目搞好

就行了。"于是我就抓紧时间去忙与节目相关的事，服装的事我没再过问。

但是等待我的，却是一场暴风骤雨。那天，主管当着众人的面对我大吼大叫："现在大学生怎么都这么不靠谱，联欢会都快开始了，服装都没搞定！你让我今后怎么信任你！这些简单的问题还需要我一遍又一遍地提醒你吗？"

主管的吼声很大，周围嘈杂的环境一下子就安静了。当时的我，初出茅庐，从来没有受到过如此严厉的批评。我开始发挥逆来顺受的"传统美德"，站在原地，呆若木鸡。

其实，我想告诉主管："这件事并不是我的错，当时您明明告诉我您会安排Lucy去做。"但是在一股强大的压力之下，我发不出任何声音。我就这样保持着沉默，眼睛里闪烁着一些晶莹的小东西。

这件事当时对我打击很大，并且成为我最终没出息地从那家公司离职的导火索。现在回忆起来，我的心情还是难以平静。之后，我经常会反思：当面对一个对你大吼大叫的人时，除了沉默，到底还有没有更好的应对方法？

02.

后来，在《心理学与我》一书中，我学到了应对"大吼大叫"的聪明做法，觉得受益匪浅。我如果能早点儿读这本书，当时就不会那么难堪了。

那么，面对别人的大吼大叫，情商高的人通常会如何应对呢？下面，我就和大家分享书中所提到的三个实操性很强的步骤。

第一步，保持镇定，复述对方发怒的原因。

当有人对你大吼大叫的时候，最好的办法就是保持镇定。等到对方发泄完后，你就心平气和地复述一下对方发怒的原因。也许你觉得这个步骤比较奇怪，但实际上这是缓和双方情绪的一个重要步骤。

从心理学的角度来讲，这个过程是确认对方的感受。而你急于和对方辩解，就是在否定对方的感受。你否定对方的感受，只会激起对方更加强烈的反抗。

比如，当主管朝我大吼大叫后，我应该镇定地告诉他："您觉得活动是我负责的，所以当您发现服装还没准备好的时候，感觉非常生气。这一点我能理解。"

当你非常镇定地去陈述对方发怒的原因时，对方可能会有点儿小小的吃惊，甚至是小小的愧疚。因为和对方较为感性的处理问题方式相比，你的回复充满了理性和素养。而且，这种理性的回复，很容易把对方拉回理性的状态。

第二步，如果对方错怪了你，你就要不卑不亢，耐心解释。

第一步的目的是化解对方的怒气，而第二步则是把问题解释清楚。如果这个问题不是你的责任，你就不卑不亢地解释清楚问题产生的原因。

比如，我可以对主管说："可是，在之前向您汇报关于服装问题的时候，您曾经非常明确地告诉我，服装、道具不用我管，我只要负责把晚会节目安排好就行了。不知是不是您忘记了，当时您把服装的事情交给了另外一个同事负责。"

记住，在解释的时候你不要加任何感情色彩，只是以客观事实作为依据就足够了。通常，在这种不卑不亢的解释之后，你会重新赢得对方的尊重。而且在下一次对方忍不住又要朝你发火的时候，他会三思而后行。

第三步，如果对方没有错怪你，你就要马上认错，及时做出承诺。

如果对方根本就没有错怪你，那么在对方大吼大叫结束后，你就要马上认错，并且及时承诺今后不会再犯类似的错误。

这个时候，你依然需要保持冷静、理智的态度。人非圣贤，孰能无过？你不要觉得犯了错误就大难临头了，关键是你要及时向对方表明自己知错能改的态度。同时，这也给了对方一个缓和情绪的台阶。

你如果不能马上认错，及时表明自己知错能改的态度，那么这往往会让发怒的另一方感觉更加生气，甚至会说出"真是死猪不怕开水烫"之类难听的话。

03.

下面，我再举一个例子，看看如何运用上面这三个步骤来应对他人的大吼大叫。

假如有一天早上，你刚进办公室，领导就朝你大吼大叫。他说你是猪脑子，竟然忘记关闭办公室里的电源，结果让中央空调开了一夜，费了很多电。

如果你遇到了这个情况，结合前面所讲的方法，你该如何有效应对呢？

第一步，保持镇定，复述对方发怒的原因。

你可以这样来回应："您觉得我是最后一个走的，应该在走之前关掉空调。然而您却发现空调没关，所以您对我很生气。您的心情我能理解。"

第二步，如果对方错怪了你，你就要不卑不亢，耐心解释。

接下来，你可以这样回应："如果我是最后一个走的，我一定会记住关闭所有的电源。但是在我走之前，办公室还有其他人在加班呢。您可以再和其他人确认一下。"

第三步，如果对方没有错怪你，你就要马上认错，及时做出承诺。

你可以这样来回应："抱歉，的确是我走得太匆忙，忘记关电源了。下次我一定会确认所有的电源都关闭之后再离开办公室，请您放心。对不起。"

04.

在学会这三个步骤之后，最后我还要给大家三点温馨提示。

第一点职场提示：以上三个步骤并不适用于所有的企业文化。

我们知道，在美国西点军校里，新生在面对长官问话的时候，只能有四种回答："报告长官，是！""报告长官，不是。""报告长官，没有任何借口。""报告长官，不知道。"

像西点军校一样，在很多推崇狼性文化和等级制度森严的企业里，当领导对你大吼大叫的时候，你做出过多的解释是不合适的，而且只会让自己更加难堪。你如果正好在一家宣扬"平等""民主""尊重"价值观的公司工作，那么以上三个步骤就特别适合你去学习并尝试。

第二点职场提示：不要当着太多人的面反驳领导。

我们上文所讲到的第二个步骤是：如果对方错怪了你，你就要不卑不亢，耐心解释。

但是需要提醒大家的是，如果有很多人在围观，这时并不适合做过多的解释。因为领导会觉得很没面子，觉得你在当众挑衅他的权威。更加明智的做法是，选择一个合适的机会单独向领导解释。

第三点职场提示：要敢于维护自己的边界。

我们所讲的这三个应对步骤，其包含的一个核心理念是——要善于做到不卑不亢，敢于维护自己的边界。很多职场小白受一些错误价值观的误导，把"要么忍，要么滚"等一类的处世哲学奉若至宝，但我觉得这是自尊不够稳固的表现。

在面对不公平待遇的时候，你如果每次都选择忍气吞声，那么你会发现，会有越来越多的人过来欺负你。因为你不懂得维护自己的边界，而人们都喜欢挑软柿子捏。时间久了，你就会感觉活得越来越压抑，浑身上下充满了负能量。

总之，当面对别人的大吼大叫或者不公平待遇的时候，我们采用一种有礼有节的方式去维护自己，才是职场高情商的表现。

PART 2　｜　有效沟通：高情商的人如何应对冲突

在愤怒的时候，试试非暴力沟通吧

01.

小C刚刚踏入职场的时候，遇到一点儿让自己不爽的事情，马上就会表达出来。情绪激动的时候，他还会直接开骂。

后来，他在职场碰了壁。身边的一些老同事经常劝他做人要低调一些，不要太情绪化，否则容易惹是生非。

在老同事的长期洗脑下，小C终于收敛了一些，几乎很少再去表达他的愤怒。但是，这不是故事的结尾。

故事的结尾是，在随后的日子里，小C由于长期压抑自己的愤怒情绪，整个人都变得郁郁寡欢，丧失了生命的活力。后来他还去看了心理医生，被诊断为抑郁症。

根据心理学的相关理论，抑郁往往来自对愤怒情绪的长期压抑。当被压抑的愤怒情绪无处释放时，那么这些被压抑的心理能量就会将矛头指向自己,转化为心理抑郁。

看到这里,你也许会产生一个疑问:既然把愤怒情绪发泄出来容易破坏人际关系,而把愤怒情绪压抑在心底又容易导致抑郁,那么到底该如何处理呢?

我们需要知道,表达愤怒的方式不只有单纯地发泄情绪这一种(例如,责骂他人等)。下面我们就来看一下可以用来宣泄愤怒情绪的其他方式。

02.

马歇尔·卢森堡在《非暴力沟通》一书中分析,我们生气的时候,一般会用四种方式来表达自己的愤怒,分别是责备自己、指责他人、体会自己的感受和需要、体会他人的感受和需要。

在阅读这篇文章的时候,你可以稍微留意一下,自己通常都是通过哪种方式来发泄愤怒的。

第一,责备自己。有的人会在愤怒的时候不停地责备自己,责备自己太懦弱,责备自己没有力量去改变现实,等等。然而,这种对自己的责备,并不会化解愤怒情绪,反而还会产生内疚、惭愧等情绪,甚至会让自己厌恶自己。

第二,指责他人。这是人们在愤怒的时候最容易选择的一种发泄方式。然而,这种方式很容易图得一时之快,却无助于问题的解决。有时候,这种方式就是火上浇油,会让问题变得更加严重。

第三，体会自己的感受和需要。愤怒的核心是尚未满足的需要。我们如果在发怒的时候总是一个劲儿地抓住别人的错误行为不放，就会越来越生气。

但是我们如果能够认真探究导致自己如此愤怒的真正原因，用心去体会自己是不是有什么心理需求没有得到满足，从而将注意力放在自己身上，那么我们的怒气就会慢慢消失。

例如，同样一句话，有的人听了也不会走心，有的人听了则会暴跳如雷。对于那个容易暴跳如雷的人来说，让他愤怒的真正原因可能并不是那句话，而是他感觉自己没有得到充分的尊重。

这个人如果能够认真去探究一下自己如此敏感的原因，就不会继续为那一句不中听的话感到愤怒不已了。

第四，体会他人的感受和需要。只有不幸福的人才会去伤害他人，因此，那个朝你发怒的人一定是一个不幸福的人，他的身上一定有某一项需求没有得到满足。

用心去体会他人的感受和需要，你就会发现，那个责骂你的人是一个自身需求没有得到满足的可怜之人。当看到他令人同情的一面时，也许你就不会那么愤怒了。

有时候，我喜欢把一个人的发怒行为解读为："求求你，关注一下我吧！"

从这四种处理愤怒情绪的方式我们不难看出，前两种是比较消极的情绪处理方式，后两种是比较积极的、具有建设性意义的情绪处理方式。

03.

下面,我们就通过两个具体的例子来诠释一下,如何运用两种积极的情绪处理方式来处理我们的愤怒情绪。

我们先来看看第一种处理愤怒情绪的积极方式——体会自己的需求和感受。

每当我在节假日接到电话或收到信息,需要我帮忙去做某件事情的时候(例如,有人发微信说希望我马上解答他的心理疑惑),我都很容易发怒或抓狂。

我会被诸如此类的一个电话或一条信息影响一整天的好心情。这时候我会想:"我又不是你的私人心理医生,凭什么要我随时随地回答你的心理疑惑啊?!"

但是当用心去体会自己发怒的原因时,我发现:自己之所以很容易因被打扰而愤怒,是因为"自己渴望静下来好好休息"的需求没有得到充分的满足。

原来做行政工作时,我在工作日通常需要处理很多事情。在这种忙碌的状态下,我很难好好放松自己。所以,我特别渴望能够在周末或节假日好好休息一下。

认识到这一需求后,我开始注意调整自己的工作节奏,并且学会了忙里偷闲(有时候,我会主动停下手中的工作,站在窗边喝一杯茶）。渐渐地，我发现自己渴望好好放松的需求得到了充分的满足。同时，我再也不会把"对休息的渴望"全部寄托于节假日了。

如此一来，我也很少因为"在节假日休息的时候被电话或信息扰乱"感到愤怒了。

04.

接下来，我们再来看看第二种处理愤怒情绪的积极方式——体会他人的需求和感受。

就在写这篇文章的前几天，一个学生给我发了一条微信。他在一家外企工作，隔着手机屏幕我都能感觉到当时他的情绪比较激动。

"老师，赶快劝我几句，否则我马上就要和主管开撕了！她真是欺人太甚！她总是对上海本地人笑脸相迎，对我们外地人不停地找碴儿，这就是区别对待！刚刚她又过来对我的工作挑毛病，我准备和她大吵一架，大不了我就走人！"

收到这条微信，我马上劝学生："你先不要激动，现在你除了深呼吸什么都不要做，先冷静5分钟再说。"

接下来，我又问了这个学生几个问题。第一个问题是："你觉得主管因为你是外地人所以故意找碴儿，那么此外，你能否再列举一条她朝你发怒的其他原因？"

过了一会儿学生回复我："还有一个原因就是，我的主管属于新官刚刚上任,她很想把工作做好。因为她急于得到上面领导的认可,所以就压迫我们底下的员工。"

"那你感觉自己的工作是否存在问题,从而导致她过来找碴儿呢?"我又问道。"我的工作也有一些问题,但我就是看不惯她那副德性。"学生回答道。

"也就是说,她并不仅仅因为你是外地人才针对你,或许她是因为工作上的事情才朝你发脾气。又或许,因为她担心自己所带的团队表现不好,没有办法给她的领导留下好印象,所以才朝你发脾气。"我继续开导学生。

当我慢慢引导学生去理解他人的体会和感受的时候,我发现学生开始慢慢放下了"主管因为我是外地人所以才故意找我碴儿"的不合理归因方式,学生的怒气也慢慢消失了。

"老师,谢谢你,我现在感觉心情好多了。我还是先把自己手中的工作做好吧,有机会我想和主管好好聊聊。"

看到学生回复的信息,我开心地笑了。

希望今后当我们在忍不住要发怒的时候,我们不妨尝试着去体会一下自己或他人背后真正的心理需求,或许这才是更好的化解愤怒情绪的方式。

在朋友心情不好的时候,如何安慰最有效

01.

当朋友心情不好的时候,如何给予对方及时、有效的安慰,能体现出一个人情商水平的高低。

从心理学的角度来分析,情商不仅包括管理自身情绪的能力,还包括调控他人情绪的能力。而如何有效地安慰朋友,就属于调控他人情绪的能力。

在现实生活中,很多人拥有一颗安慰他人的心,但是说出来的话却是句句伤人,反而把对方的心情搞得更加糟糕。接下来,我们就来剖析几种容易适得其反的安慰他人的方式。

第一,看轻事情的重要性。

比如,你的好朋友明天要去参加驾照考试。他感觉很焦虑,因为参加过两次考试他都没过关。在考试前一天,他找你寻求安慰。

你张口就给他一句："这有什么大不了的！不就是一次小小的驾照考试吗？放松心态去考吧，明天一定会过关。"

这种安慰人的方式，根本就不起积极作用。因为这种安慰的潜台词就是——"你太容易焦虑了，你的心理素质太差了。"从本质上说，这种方式所犯的错误就是——看轻了事情的重要性。

第二，火上浇油式的评判。

当你的朋友心情不好的时候，你千万不要火上浇油去提醒他的错误，尤其是在他已经比较自责的时候。

例如，你的朋友不小心把钱包弄丢了，非常难过。这时你来了一句："你也太不小心了吧！钱包这种重要的东西应当贴身保管好，怎么能随便塞到一个口袋里呢？"

这种事后诸葛亮的安慰方式，给人的感觉就是：一点儿都不真诚、一点儿都没有用、一点儿都不暖心。你的朋友本来就因为丢钱包的事情很难过了，还要再挨你一顿训。这种火上浇油式的评判，只会让一个人更加难过。

第三，自恋式地提建议。

当一个人心情不好的时候，他往往希望有一个人能够听他倾诉，而不是给他提各种各样的建议。

所谓自恋式地提建议，是指有些人在安慰别人的时候，不仅喜欢提建议，还喜欢顺便夸耀一下自己。而夸耀自己的方式，就是滔滔不绝地讲自己在遇到同类问题的时候是如何轻松解决的。

例如，你的好朋友大学英语六级考试没有通过，你安慰他说："英语六级考试真的很难吗？我当时裸考一次性就通过了，只要英语基础好一点儿，考前熟悉一下题型就OK了。"

这种提建议的方式，散发着一股浓烈的自恋气息，只会让你想安慰的那个人心情变得更加糟糕。

02.

好了，在列举了三种无效的安慰他人的方式之后，我们再来看一下如何安慰他人最有效。

第一，静静地听对方把话说完，不要急着提建议。

对于一名心理咨询师来说，倾听是一项很重要的沟通技术。心理咨询师如果能够运用好这一项技术，就能让来访者快速从心理上得到安慰，舒缓心情。

前些日子，在读马斯洛的《动机与人格》这本书的时候，我对"倾听"在安慰别人的过程中所发挥的作用有了更深入的认识。书中讲到，一个良好的倾听者，不仅可以帮助对方更好地宣泄情绪，更重要的是，倾听者在认真倾听的同时，也向对方传达了"我很尊重你"的信号。当一个人"受尊重"的需求得到满足之后，他在心理上的痛苦症状就会减轻。

如果你在谈话的时候很容易插话，不擅长倾听，那么我可以提供一个倾听的模板作为参考。请确保除了这个模板上的话，尽量不要再多说其他话，只要不断重复就可以："哦，哦。是吗？还有呢？原来是这样啊！哦，哦。"

你只是静静地听对方把话说完，就能让对方在心理上得到很大的安慰。你假如一开始就着急给别人提建议，只会取得适得其反的效果。急着提建议，就说明你想要改变对方。而急着改变对方，就说明你在否定对方之前的做法，这些都会阻碍良好的情感交流。

记住：你只有在不想马上去改变一个人的时候，才能做到真正有效的陪伴。

第二，运用同理心去安慰对方。

在关于心理咨询的专业书籍中，"同理心"是一个被人反复念叨的名词。可是，到底什么才是同理心呢？《沟通的艺术》这本书把同理心的定义解释得非常清楚：同理心是指从另一个人的角度来体验世界，重新创造个人观点的能力。

"带着一颗同理心去倾听"主要包括两个方面的内容。

第一个方面是获得观点——这需要中止你的论断，将自己的意见放在一边，同时试着去了解令对方感到难过的深层次观点。

第二个方面是体会情感——更加贴近地去体验别人的感受，去感受他们的恐惧、伤心等感觉，同时，在对方表达真实感受的时候，给予一些积极的反馈和回应。

假如你的一位朋友连续3年竞聘公司的主管职位失败，你该如何带着一颗同理心去安慰她呢？

PART 2 | **有效沟通：高情商的人如何应对冲突**

第一个方面：获得观点。从表面上看，你的朋友也许是因为竞聘失败而感到痛苦。但是在她的内心深处，也许隐藏着更加深层次的不合理信念——她会认为，连续3年竞聘失败，就说明自己是一个能力很差、活得很失败的人。她非常害怕面对这种内心深处的无力感，这才是导致她心情郁闷的真正原因。

这个时候，你如果能这样安慰朋友："即使竞聘主管职位失败，也并不能说明你的能力很差，至少你在别的方面有闪光点。"听到这样的话，你的朋友就会感觉宽慰很多。

第二个方面：体会情感。你可以这样表达："我能够理解你的这种痛苦感受。我如果也连续3年都竞聘失败，可能会更加难受。"这样做的目的就是，更加贴近地去理解对方的真实感受。如果在对方诉说自己的真实情感的时候，你没有认真去体会，只是一味地看轻事物的重要性，那么心与心的沟通很快就会停止。

只有做到以上两个方面，才能到达同理心的最高境界——让朋友感觉到你是在真诚地关心他（她）。

第三，从积极的角度看问题。

所谓从积极的角度来看问题，就是提醒你的朋友，要善于看到挫折中的积极意义。

我的一位朋友，曾经因工作上的事情不顺心而经常失眠。后来，我就安慰他："失眠的背后，往往是大范围未解决的问题。说不定你的身体正在通过一种特殊的方式提醒你，是时候重新梳理一下你的工作,甚至该考虑换一份工作了。"我还推荐朋友去读加藤谛三写的一本关于失眠的书——《写给失眠者的心理学》。

这种安慰方式,让我的那位朋友换了一个更加积极的角度看待眼前的艰难困苦,为失眠这件事情赋予了一种积极的意义——失眠是在提醒他,是时候做出一些改变了。

我的那位朋友经过一番深思熟虑后,下决心换了一份自己更加感兴趣的工作。虽然工资少了一点儿,但是他很少失眠了。他后来专门给我发了一条很长的微信,感谢我说,在他心情最糟糕的时刻,我给了他最有价值的安慰。

第四,提供真心实意的帮助。

安慰别人最有效的方式除了"说",还有"做"。

英语中有一句谚语:"Action speaks louder than words."请允许我适当地意译一下这句话:当朋友需要安慰的时候,说那么多有什么用,不如撸起袖子来真正帮他做点什么。

记得读小学六年级的时候,我从一所城市的小学转到一所农村的小学。数学课上,老师经常用一本习题集做课堂练习,但是我没有买到这本习题集,只能干瞪眼,内心很焦急。

那时农村小学没有复印机,于是班上的同学开始自发地帮我抄这本习题集。经过一个星期的努力,六七个同学硬是帮我手动完成了一本习题集。最后,他们将这本"手抄版"的习题集作为礼物送给了我。

对我来说,这是最棒的安慰方式。那时我的同学不知道说什么漂亮的话来安慰我,却通过真心实意的帮助让我感受到了这个世界的温暖。

适当地自我坦露，成为沟通高手

01.

在一次心理学主题培训活动中，我们几个来自不同学校的心理老师组成了一个临时小组。在讨论完课堂任务后，我们几个人你一言我一语地聊起了各自的工作和生活。

和以往不同的是，虽然大家都是初次见面，但是我们好像心有灵犀一样，都没有在开始的时候戴上完美主义的人格面具，拼命展现自己最美好的一面。

相反，我们像老朋友一样，聊起了各自在工作和生活中的一些无奈与纠结，展示出自己脆弱的一面，然后互相给予劝慰和精神上的支持。在那次为期5天的培训结束之后，大家就像知己一样难舍难分。

02.

我参加过很多次心理培训，为什么这一次可以和这几位老师在短时间内结下如此深厚的友谊呢？

我想答案就在于，我们几位老师都不自觉地运用了沟通中的一项技术——自我坦露。

在罗纳德等人写的《沟通的艺术》中，他对自我坦露是这样定义的：所谓自我坦露，是指真诚地分享一些与自己相关的信息的过程，而且这些信息通常是重要的、不为人所知的。

那么，为什么说"自我坦露是沟通高手所必备的一项说话艺术"呢？因为自我坦露可以在沟通过程中为人们带来诸多好处。

首先，适当的自我坦露可以促进关系的建立和维持。

在人际交往的过程中，真诚往往是最大的必杀技。我们在进行自我袒露的时候，实际上就是在展示我们的真诚，这有助于促进关系的建立和维持。

就同文章开头我所举的例子一样，大家在交流的时候，并没有像在大部分社交场合中那样表现得很"装"，而是努力表现自己最为真实的一面，甚至是脆弱的一面。我们几个人也因此快速拉近了心理上的距离。

这一点并不难理解，想想看，有谁喜欢和一个看起来"有点儿假"的人做好朋友呢？适当的自我坦露，可以让对方感觉到你的真实和真诚，有助于深度关系的建立。

其次，适当的自我坦露有助于情绪的宣泄。

心理咨询中有个说法，叫作"说出来，就好了"。这个说法体现了情绪表达的重要性。自我坦露的过程也是一个情绪宣泄的过程，如果能够把握好度，就会产生一种"一吐为快"的感觉。

再次，适当的自我坦露有助于形成人际交往的良性循环。

在社会心理学著作《影响力》中，作者提到了一个重要的社交法则，叫作互惠法则。所谓互惠法则，是指当别人给了我们一些好处后，我们会本能地去回报对方。我们如果没有及时地回报对方，就会在心灵深处产生一种亏欠感。

同样的道理，一颗真诚的心灵也能唤起另一颗真诚的心灵，一方的自我坦露也能换来另一方的自我坦露。

当你向对方说出自己的一些小秘密之后，在互惠本能的驱使下，对方也会忍不住说出一些自己的小秘密作为回报。

当两个人在进行完一番自我坦露后，彼此的关系自然就可以得到深化，从而形成人际交往的良性循环。

03.

也许你已经发现，我在谈论"自我坦露"的好处的时候，都小心翼翼地在前面加了两个字——适当。也就是说，并不是所有的自我坦露都具有积极意义，只有把握好"度"的自我坦露，才是值得推崇的沟通艺术。

换个角度说，自我坦露是有风险的。作家约翰·鲍威尔曾经说过："我不敢告诉你我是谁，因为假如我告诉你我是谁，你可能会不喜欢这样的我，而那却是我的全部。"

假如一个男人这样向他的女朋友进行自我坦露："亲爱的，我真的不喜欢你整天这样黏着我，这样我一点儿自由空间都没有了，我甚至对这样的生活有些厌烦了。"这样的话肯定会惹恼女朋友。

如何做到适当自我坦露呢？下面我就和大家分享自我坦露过程中需要注意的三个问题。

第一，这个人真的能够理解我吗？

当你准备向对方进行自我坦露的时候，你首先应该问的第一个问题就是："这个人真的能够理解我吗？"你如果和对方的交情不深，也不确定对方是否具有同理心，那么在进行自我坦露之前，最好三思而后行。

因为对于一个无法理解你的人来说，当你在进行自我坦露的时候，你有可能得到的不是理解和安慰，而是被忽视或二次伤害。

所以在进行自我坦露之前，你最好先和对方进行一些试探性的谈话，谈话的目的就是试探对方是否具有同理心，是否愿意倾听你说话。如果对方是你多年的好朋友，你就可以省略这一步骤。

第二，自我坦露的量与方式合适吗？

见人就诉说自己的痛苦或者脆弱一面的人，就如同祥林嫂一样，不会招人待见。

记得在读书的时候我遇到一位老师,她经常在课堂上讲她的儿子,这就是没有把握好自我坦露的量。因为教师适当地讲一些自己的生活经历,可能会引起学生的兴趣,但是讲得太多了,就容易偏离上课的主题,也容易让学生厌烦。

所以,在进行自我坦露的时候,我们一定要注意自我坦露的量。比如《菜根谭》中的这句话就很有道理:"见人只说三分话,不可全抛一片心。"

第三,自我坦露的风险合理吗?

在职场上,自我坦露是有风险的。尤其是在谈论自己的身体状况、情感生活、对领导的不满等情况的时候,我们需要格外小心。

比如,最近部门领导给小A安排了很多任务。于是小A逢人便说,自己工作压力很大,压力大到想哭。并且她还常常把对领导的不满挂在嘴边,结果这些负面的声音最终传到了领导的耳朵里,使领导对她很不满。

后来,领导把小A调离了原来的重要岗位,给她安排了一个闲差。小A虽然工作轻松了很多,但是工资和福利待遇都下降了很多。调岗之后的小A,哑巴吃黄连——有苦说不出,要怪只能怪自己在职场进行自我坦露的时候,没有很好地去评估风险。

简单总结一下,在人际交往过程中,自我坦露是一项沟通高手必备的说话艺术。因为适当的自我坦露能够促进关系的建立和维持,有助于自身情绪的宣泄,同时也能够形成人际交往的良性循环。

但是，自我坦露也要坚持适度原则。在进行自我坦露之前，我们最好先问自己三个问题：

第一，这个人真的能够理解我吗？

第二，自我坦露的量与方式合适吗？

第三，自我坦露的风险合理吗？

只有搞清楚这些问题的答案，我们才能通过适当的自我坦露成长为真正的沟通高手。

和情商高的姑娘打交道，是一种怎样的体验

01.

曾经有个姑娘联系我说："老师，我看过您写的一些文章，感觉不错。您能不能到我们的平台上讲一堂公益的幸福课，把积极心理学的知识传播给更多的人？"

因为我没有在网络平台讲过课，而且那段时间杂事缠身，身体状况也不怎么好，所以当时我就拒绝了这个姑娘。我告诉她："最近我身体状态不好，暂时不考虑在网络平台讲课。等身体好些了再说吧。"

没想到这个姑娘锲而不舍，大概过了一个月，再次联系我："老师，最近身体好些了吗？什么时候有档期到我们的平台上来讲一堂幸福课啊？"

嗯，你没看错。这个姑娘居然用了"档期"两个字，真是让人

受宠若惊啊!

这一次,我不忍心再拒绝了,回复她:"工作日很忙,我要上班。周末才有时间上课。"姑娘回复:"嗯,我们一般都是工作日晚上上课,但我们这一次可以根据老师做出调整,配合您的时间。"

定好时间之后,这个姑娘又跟我约排练的时间。她对我说:"老师,想预约一下您的时间,我们大概需要20分钟排练一下,帮助您提前熟悉如何利用网络平台上课。"

总之,我感觉这个姑娘很用心。而且,这场排练的确消除了我的很多紧张感。

在排练的时候,当我说完第一段话,姑娘马上就回复:"老师,您的声音真的很好听。"当我对她的宣传文案挑刺的时候,姑娘马上就回复:"老师,您真的很细心。"

在课程开始之前,姑娘还问我要了订阅号的二维码。然后告诉我,她想在课程快要结束的时候,引导大家关注我的订阅号,原因是:"好的东西值得和更多的人分享。"

这句话属于"高级夸",真是令人感动。

后来,我终于讲完了这堂课。说实话,讲完课之后,我感觉自己表现得并不好,似乎说话有些啰唆,讲的内容也不够吸引人,讲课节奏也把握得不好,等等。

但是这个姑娘在课程结束之后第一时间发信息鼓励我,她说:

"老师辛苦了。老师的课程很赞,很有条理,逻辑也很清晰,感谢老师的授课!"

我感觉到了,她在努力发现我在讲课过程中表现出来的闪光点。她想要安慰我。

我对她说:"谢谢,你能不能给我提几点建议,帮助我更好地改进课程?"说实话,我对此并没有抱太高的期望,因为我知道,做新媒体的人都很忙很累,课都上完了,哪有时间再搭理我?果然,这个姑娘一直没有回复我的信息。

但是过了一天之后,这个姑娘给我发了长长的一段信息。原来,她又拿出很多时间把课程的录音回顾了一遍。在这段信息中,这个姑娘充分照顾了我脆弱的自尊心,小心翼翼地给我提了好几点建议。

我觉得这几点建议都非常到位,非常中肯,对我来说价值很大。在我收到建议的那一刻,我真的被感动了,并且在心底默默地说了一句:这真是一个情商高的姑娘。

02.

为什么说这个姑娘情商很高呢?我们先来看一下情商的定义。

《情商》一书提到,萨洛维和约翰·梅耶在1990年提出了情商的概念,他们将情商定义为五项能力,分别为了解自身情绪、管理自身情绪、自我激励、识别他人情绪、调节他人情绪的能力。

PART 2 | **有效沟通：高情商的人如何应对冲突**

联系我上网课的姑娘之所以会给人一种情商高的感觉，就在于她熟练地掌握了上述情商定义中所提到的最后两项能力——识别他人情绪的能力以及调节他人情绪的能力。

这两项能力，实际上也是人际交往的核心技能。下面我们就来详细解析一下这个姑娘的厉害之处。

首先，这个姑娘知道像我这种不知名的小老师渴望得到被尊重的感觉。因此，她通过一次又一次的邀请，让我在无意间体会到了一种被人重视、受人尊重的感觉。此外，在给我发信息的时候，她问我什么时候有"档期"。这个词语极大地满足了我的虚荣心，让我难以拒绝她的讲课邀约。

其次，由于这个姑娘知道我是首次在网上授课，可能会有点儿紧张，为了帮助我消除这种紧张的情绪，她采取了及时鼓励的策略。当我试讲的时候，有段话并不流畅，她就夸我声音好听；当我给她的文案挑刺的时候，她就马上夸我非常细心。她还主动问我要订阅号的二维码，理由是"好的东西值得和更多的人分享"。她的这些做法让我在短时间内消除了紧张情绪，并且帮我快速建立了自信心。

再次，课程结束后，这个姑娘给我提建议的时候，没有上来就说我哪里做得不好，而是先肯定我做得好的地方；并且反复强调，虽然我有一些做得不完美的地方，但是这些不一定是由我个人的原因造成的，有可能是由一些客观原因造成的。例如，我所讲的话题比较小众，有些人可能无法很好地理解和接受。这样一来，我的心情好了很多，同时也让我更加容易接受她提出的建议。

以上只是我个人的一些解析。可能对于这个姑娘来说，"高情商"早已内化成了她的一项素质，一切都是由内而外自然发生的。

03.

下面，我们就来看一下，如何做才能像这个姑娘一样，更好地识别他人的情绪、调节他人的情绪，从而提高自己的情商？

第一，如何更好地识别他人的情绪？答案是从"自恋"中走出来，开始对他人感兴趣。

想要有效地识别他人的情绪，有一个基本的前提——首先你要对他人真正地感兴趣。对于一个自恋的人来说，很容易长时间沉浸在自己的世界里，只是一味地关注自己的感受，而这样的人是无法识别他人情绪的。

就如同两个"自恋"的人在一起热烈地交谈，但实际上谁都没有认真地听对方讲话。一方在说话的时候，另一方只是沉浸在自己的世界里，思考自己接下来应该说些什么，根本就没仔细听对方说了什么。这种交谈只是两个人在轮番发言罢了，进行得越热烈，越能显示出这两个人的内心是多么自恋。

当年在新东方做老师的时候，一名资深的老师曾推荐我好好读一些识别微表情和身体语言方面的书。因为作为授课教师，学习一些微表情和身体语言的知识，可以更好地去识别学生的情绪变化，从而及时调整自己的授课方式，提高学员的满意度。

第二，如何更好地调节他人的情绪？答案是掌握一些必要的人际沟通技巧。

回到开头所提到的那个情商高的姑娘，她在给我提建议的时候，让我感觉很舒服，同时也很愿意接受，因为她在不知不觉中运用了人际沟通技巧中的"三明治法则"。

所谓"三明治法则"，是指一个人在批评他人的时候，把"批评"的内容夹在"表扬"和"期待"中间，从而使受批评者更容易接受批评或建议。

这个姑娘在给我提建议的时候，先夸我的课上得不错，又给我提了很多中肯的建议，最后还提出了期待——"希望下次还会有机会和老师合作。"她把"三明治法则"运用得炉火纯青，完美！

关于人际沟通技巧，我再给大家推荐两本书，一本是《人性的弱点》，另一本是《沟通的艺术》。

这个姑娘给我提的建议，我一直留在手机里，没有删掉。我想用这条信息来激励自己，努力成为一个情商高的人。

PART 3

赢得尊重
你的善良，必须有点锋芒

作家布琳·布朗这样说道："经过大量访谈，我突然发现许多富有仁慈心的人实际上非常善于划定界线……如果真正想要实践仁慈心，我们必须划定界线，也让别人学会对自身的行为负责。"

思维进化：人生持续精进的方法

从今往后，我想做一个善良又霸气的人

01.

Lucy是一家外企刚刚上任的培训主管，同时兼任公司的内训师。和上一任有些严厉的培训主管相比，Lucy温柔又善良。

心理学专业出身的Lucy，踌躇满志，她一直想着如何采用更加人性化的方式去做管理。在与人沟通的过程中，她总是努力做到认真倾听，设身处地为他人考虑，充分地运用同理心。

然而，Lucy很快就遭遇了职业生涯中的一次重大挑战——轮到她给员工做内训的时候，来参加培训的人越来越少，请假的人越来越多。

要知道，Lucy主讲的这门沟通课程，是公司要求相关人员必须参加的内训课，培训成绩和年底考核挂钩。

但是，Lucy的人性化管理方式却被很多员工理解为这个培训主管很好欺负，不会为难他们，所以很多员工就越来越放肆。

见一名员工连续两次没来上课，Lucy善意地发了一条信息提醒他。没想到这名员工来到培训场地之后，竟然怒气冲冲地对Lucy说："我最近真的很忙，你能理解吗？如果有时间过来参加培训，我会故意不来吗？还有，今天这课到底几点才能结束？早点儿下课行吗？"

听完这番粗鲁无礼的话，Lucy怔住了，愣愣地杵在原地。从那一刻起，Lucy开始怀疑自己引以为傲的人性化管理方式出了问题。

百般无奈之下，Lucy去向上一任培训主管请教。虽然上一任主管看起来有些凶巴巴的，但是至少她给员工做培训的时候，没有人敢缺勤，培训的教室总是人满为患。

上一任主管向Lucy传授经验说，她会在第一次培训的时候，明确告诉参加培训的员工："有本事你们就缺一次培训试试，我保证年终奖、部门晋升这些东西和你们一毛钱关系都没有！"

这话虽然听起来有点儿糙，但是上一任主管却通过这种霸气的方式和参加培训的员工划定了清晰的责任界限——我负责培训，你们负责过来参加培训；你们如果没有认真参加培训，就会受到相应的惩罚。明确了双方的责任后，参加培训的员工很少随意缺勤。

在经过一番认真的反思之后，Lucy把网络平台上的个性签名修改为："从今以后，我要做一个善良又霸气的人。"

在接下来的培训中，Lucy重新和学员明确了考勤规则，并且表示会严格执行。在明确了各方的责任边界后，Lucy才开始实施她那套人性化的管理方式，努力做到与人为善。

后来，Lucy把工作做得风生水起。过来参加培训的员工，在遵守规则的基础上，也慢慢地被Lucy展现出来的人格魅力吸引了。

02.

Lucy的故事给了我很大的启示，因为我自己就是一个过于和善、缺少霸气的人。

缺少霸气的背后，实际上就是不懂得划定界限，不懂得拒绝。这种处世方式让人每天都活得很累。

很多学生都知道我是学心理学的，所以在心理上有困惑的时候，他们就会通过发微信的方式向我询问。

开始的时候，我非常耐心，几乎是有问必答，但是很快我就感觉有些力不从心。因为我每天要忙各种工作，还要见缝插针地去回复N多条心理困惑，有些吃不消。

很多学生都觉得我比较和善，所以无论碰到什么问题，都会不假思索地甩给我。

"老师，你之前推荐的那本书有点儿贵，不知道你那边有没有免费的电子版可以发送给我？"

"老师，什么是神经症啊？在线等！"

"老师，你能不能帮忙给我女朋友发条短信？她心情不好，我又不知道该如何安慰她。"

还有的学生,直接把我的微信当成了精神上的垃圾桶,碰到不开心的事,就给我狂发信息,一发就是几十条,而且时间多是半夜。

记得有一次我已经睡着,一个学生看我没有马上回复他的微信,就又通过手机发了一条短信:"老师,看一下我给你发送的微信,收到回复一下。"

听到短信铃声,我迷迷糊糊地拿起手机,按照他的短信提示去看了一下微信。原来,这个学生和老妈拌了几句嘴,觉得心情不好,无处宣泄,所以就不停地给我发信息。

这个学生的最后一条信息是:"其实也没啥大事,就是想跟你倾诉一下,然后听听你的见解。"看完这些信息,我安慰了这个学生几句。学生心满意足地说了句"晚安",然后去休息了。而我一直到凌晨都无法入睡。

我并不是在怪这个学生不懂事,这么晚打扰我;我是在怪自己不懂得划清界限,最终把气都憋在心里。

为什么有的学生把那些明明可以通过百度找到答案的问题(例如什么是神经症)硬生生地甩给我?为什么有的学生会把我的微信当成精神上的垃圾桶,一遇到不开心的事就甩给我几十条信息?

当然,也可能因为学生觉得我比较值得信任。然而最主要的原因还是我不善于拒绝别人,总是有问必答。我甚至会忍不住帮学生去网上搜索问题的答案，再告诉学生。这样一来，他们就会习以为常，自己懒于主动寻找答案。

知名心理咨询师武志红曾说："一个人之所以这样对你，是因为他觉得他可以这样对你。"

后来，我变得霸气了一些，会直接拒绝不合理的要求，希望能够培养学生自主解决问题的能力；无关紧要的信息，我不再马上回复，而是过一段时间再回复，希望能够让学生学会延迟满足。

开始的时候，我还有点儿担心。我担心这种"铁石心肠"会让学生生气，从而对我这个老师恨之入骨。然而我却惊奇地发现，当我开始懂得划定界限之后，学生渐渐变得更加懂事了，我也赢得了更多的尊重。

03.

从心理学角度讲，那些缺少霸气、不懂得拒绝的人，他们的内心深处往往存在着很深的不安全感。从表面上看，他们是在害怕拒绝别人；实际上，他们是在害怕对方拒绝自己。所以，他们总会尽力满足对方的需求。这样做的目的就是，希望对方用同样的方式来对待自己。

在《脆弱的力量》一书中，作家布琳·布朗这样说道："经过大量访谈，我突然发现许多富有仁慈心的人实际上非常善于划定界线……如果真正想要实践仁慈心，我们必须划定界线，也让别人学会对自身的行为负责。"

也就是说,一个真正仁慈的人,不应该只是一个善良的人,也一定是一个善于划定界限的人。

在《少有的人走的路》一书中,作者斯科特·派克这样写道:"真正的爱,不是单纯的给予,还包括适当的拒绝,及时的赞美,得体的批评,恰当的争论,必要的鼓励和有效的监督。"

看到没?即使是真正的爱,也不是仅仅包括单纯的给予(善良),还包括适当的拒绝(霸气)呢。

记得有一次我在地铁站排队时,忽然有一个中年妇女插队,她径直走到队伍最前面。这时候,队伍中有一个中年男子用非常中性的语气对这位妇女说:"你好,请站到队伍后面去,大家都在排队呢。"

这个中年妇女一看就不好惹,马上朝中年男子怒气冲冲地说:"关你什么事啊?其他人都没说什么。"

中年男子没有与这个中年妇女争论,只是用更加坚定的语气重复了前面说的那一句话:"请站到队伍后面去,大家都在排队呢。"

也许这个中年男子的气场太过强大,那个中年妇女没有再反驳,灰溜溜地站到队伍后面排队去了。

我想,一个善良又霸气的人,应该就是这个样子吧。

面对不合理的要求，我们应当如何拒绝

在小丽刚刚入职的3个月里，她每天都像只陀螺一样连轴转。在一次聊天的过程中，小丽说她最近的状态很不好，没有食欲，睡眠不好，而且经常累得想哭。

随着聊天的深入，我发现小丽劳累的一个重要原因就是——她不懂得拒绝。

小丽也承认自己的确是"心太软"，总是害怕拒绝别人。小丽担心的是，她一旦说出"不"字之后，就会伤害别人，破坏人际关系。

我们只要认真思考一下就会发现：与"直接明了地拒绝别人"相比，"不忍心拒绝别人"的后果更加糟糕。

因为不懂得拒绝别人，不仅会让自己忙得不可开交，痛苦不堪又充满怨念，而且当自己无法完成别人交办的事情时，迟早会破坏和对方之间的关系。

既然明白了合理拒绝他人的重要性，接下来我们再来看看温柔地拒绝他人的五个方法。这五个方法是我参考《精要主义》一书中的部分内容，并结合自己的实践经验总结提炼而成的。

01. 停顿一会儿，再做决定

当别人向你提出一个不合理的要求时，你先不要急着答应对方，而是尝试着先停顿一下，再做决定。你不要害怕这个小小的停顿会让两个人之间的对话显得尴尬，要知道，此处无声胜有声。

作为心理咨询师，我深知：一名优秀的心理咨询师往往非常善于运用停顿的艺术，而不是一刻不停地主导谈话。停顿或沉默的时刻，往往是对方真正开始思考的时刻，也是对方的心理开始发生变化的时刻。

如果给你安排任务的那个人足够聪明，他就应该知道，你的这种停顿或者沉默本身也是一种表态，他自己也会在停顿的这个时间反思自己所提的要求是否过分。

或许，还未等你开口，对方就已经开口了："不好意思，是不是我提的这个要求有些过分了？"

02. 不仅要学会说"不"，还要学会说"但是"

直接说"不"，的确会让对方感觉有些丢面子。你如果能通过一个"但是"引出你能提供的其他帮助，就会让对方的心里感觉舒服很多。

因此，想要委婉地拒绝别人，我们应该掌握"不，但是……"这个有用的句型。

例如，一位朋友组织了一个大型的心理学讲师培训营，邀请了国内知名的心理学专家担任主讲嘉宾。朋友也想让我报名去参加这次培训，给他捧个场。由于平常和他关系不错，我也很想过去给他捧场。但是培训时间和我的另外一个重要安排恰巧冲突了。于是，我告诉朋友："抱歉，我可能不能过去参加这次培训了。但是如果你办第二期培训营，我一定参加。"

后来，这位朋友真的办了第二期培训营。我二话不说，就从上海飞过去参加了这期培训营。

03."让我先看一下最近的日程表，然后答复您"

如果对方邀请你去做某件事，你觉得直接拒绝对方容易伤到他，那么你先不必急着说"不行"，而是先说一句："我很乐意去做这件事情，不过让我先看一下日程表，确定一下那一天是否已经有了其他安排，然后答复您，好吗？"

这样一来，你就在拒绝对方之前设置了一个有效的缓冲，从而让对方提前有了一个心理准备，不会让对方觉得你是一个非常冷漠的人。

另外，查看日程表后再决定是否说"不"的人，也会让别人感觉你是一个懂得时间管理、善于划定界限的靠谱之人。

04. 把自己正在忙碌的事情给上级看

对于很多职场人士来说，最难拒绝的就是来自上级的任务安排。这里需要着重明确一点：你如果精力充沛，完全可以胜任某一项任务，就应当积极地完成上级交代的任务，而不是首先考虑如何拒绝。

但是当你感觉自己已经忙得焦头烂额，而上级并不了解你的处境，又给你安排了很多新任务的时候，这时你就应该懂得运用拒绝的艺术。

此时你需要做的，就是把自己目前正在忙碌的各项工作如实地摆出来给上级看，让上级了解你目前的处境，从而进行更加科学的任务分配。

一位朋友给我提供了一个真实案例。有一次，他的领导一次性给他安排了很多任务，但是他手头上还有领导之前交代给他的一些任务未完成。如果直接拒绝，朋友担心会得罪领导；如果接下这些新的任务，朋友又担心无法胜任，最终把所有的事情都搞砸了。

考虑再三，朋友给领导写了一封邮件。在邮件中，朋友把自己目前正在执行的一些任务统统列举出来。认真分析现状之后，他在邮件中对领导说道："如果您需要我去完成这些新任务，那么我可能要把您之前交代给我的那些任务暂停一下。不知道您觉得是否可以？"

领导收到邮件后，对朋友的处境表示理解，很快就把这几项任务安排给了公司的其他员工。

05. 拒绝对方后，看看是否还能为对方提供其他帮助

你如果在拒绝对方的时候，能够先认真思考对方请求的背后所隐藏的真正目的，再看看自己是否能够提供其他方面的有效帮助，那么即使你拒绝了对方，对方也不会因此生气。

例如，我的好朋友希望我给他邻居家的小孩做一次心理咨询，但是在了解了这个孩子的具体情况后，我拒绝了朋友的请求。因为我并不是儿童心理问题方面的专家，在这方面我没有充足的经验。

但是我知道一家心理机构，在解决儿童心理问题方面做得不错，就向朋友推荐了这家机构。这样一来，即使我拒绝了他，他也依然对我表示感谢，因为我帮他的邻居找到了一位合适的心理咨询师。

在学会上面这五种方法后，也许有人依然不敢大胆拒绝他人，还是担心拒绝对方会得罪人。

对于任何一个害怕拒绝的人来说，他都要反复提醒自己这样一个道理：合理地拒绝对方，虽然会在开始时让对方感觉不爽，自己也会因此感到不适；但是从长远来看，合理地拒绝对方，不仅会为自己的发展赢得宝贵的时间，同时也会赢得别人真正的尊重。

在《精要主义》一书中,作者提到了"拒绝别人"是如何换取"尊重"的意义:"说'不'通常会在短时间内对关系产生影响。归根到底,当有人提出要求,却没有得到满足时,他或她的第一反应很可能就是烦恼、失望,甚至气愤。不利之处是一看便知的,而潜在的有利之处却不那么显而易见:当最开始的烦恼或失望、气愤渐渐褪去时,尊重便会显露出来。一旦我们有效地推回别人的请求,就等于告诉他们,我们的时间是非常宝贵的。这便是行家里手和初出茅庐者之间的分水岭。"

适当地发怒，可以帮你赢得尊重

01.

有一天晚上，我从地铁站打车回学校。

从地铁站到学校的距离并不远，通常我都是乘坐公交车。但那天实在是太晚了，很难等到公交车，所以我就选择了打车。

我跳上一辆出租车，坐在了前排副驾驶的位置，伸手去系安全带。

"就这么短的距离，你不用系安全带。你看，我都没系安全带。"一位年轻的司机师傅用不耐烦的口吻对我说道。

这位司机师傅的说话内容和说话方式都让我感觉很不舒服。因此，我并没有理会他的话，继续专心致志地给自己系安全带。不过，那辆车上的安全带可真是难系！

司机师傅变得有些不耐烦了："都跟你说了，不用系安全带。

没有交警,摄像头也拍不到,你这个人怎么这么固执呢!"

话音刚落,我的安全带"咔嗒"一声,终于系上了。不过我愤怒的情绪也被他的话点燃了。那天晚上,我本来就很疲惫,没想到上车之后,因为系安全带这件小事又被一位年轻的司机师傅数落了一番。

我稳定了一下情绪,然后一字一顿地告诉这位司机师傅:"每个人都有不一样的安全意识。你有你的安全意识,我有我的安全意识。在我的安全意识里,系安全带是一件很重要的事情,也是对自己负责任的一种表现。这和路程长短无关,也和是否有交警检查无关。上了你的出租车,我就是你的顾客,希望你能表现出一些最基本的尊重。"

听了我的话,司机师傅先是一愣,然后摆摆手说:"好好好,你有文化,我说不过你。"说完这话之后,司机师傅停顿了一下,接着又说道:"待会儿你准备刷卡还是付现金?我这个车上刷卡的机器坏了,你只能付现金。提前跟你说一声,待会儿你可别跟我扯皮。"

嗯,没错,这位司机师傅先说我"固执",接着又莫名其妙地说我"扯皮"。不会说话的人,真是处处让人感觉不舒服,我的愤怒情绪又一次被点燃了。这一次,我依然没有选择忍气吞声。

"请你搞搞清楚,到底是谁在扯皮?如果出租车上不能刷卡,你为什么不在一上车的时候就告诉我呢?我们都走了一半的路程了,你忽然告诉我只能付现金。刷卡的机器坏了,你没有及时去维修,难道是我的错吗?请问这是我在扯皮,还是你在扯皮?我今天就是没带现金,你前面掉个头,把我送回上车的地方吧!"我准备给这位司机师傅一点儿教训。

"别别别,我们都快到学校了,你能不能想想其他办法啊?如果没带钱,你还可以通过微信或者支付宝把钱转给我。"司机有点儿慌了,语气也明显开始变软了。

我没有马上接他的话,只是告诉他该怎么走才能到达学校。到达目的地之后,我没有再难为这位司机师傅,掏出手机,用微信给他转了账。

这位年轻的司机师傅终于松了一口气,下车的时候笑呵呵对我说了一句:"刚才不好意思啊,我的脾气有点儿急,慢点儿走啊。"

02.

走在回寝室的路上,虽然心中的愤怒情绪没有完全消失,但是我感觉自己至少没有压抑这些愤怒情绪,而是选择通过有理有节的方式把愤怒情绪表达了出来。

而且,当我把愤怒情绪表达出来之后,那位看起来有些不太礼貌的司机师傅,最终对我表示了尊重。想想看,如果面对那位司机师傅的无礼举动我选择忍气吞声,那么此时此刻我的心情一定会感觉非常压抑和糟糕。

关于如何化解愤怒情绪,我们应该牢记这条情绪管理法则:既不能过分压抑,又不要过分放纵。

而压抑或放纵情绪,恰恰是我们在愤怒的时候最容易犯的错误。下面,我们就分别来看看这两种方式的消极后果。

第一,过度压抑自己的愤怒情绪,会让一个人失去活力。

我是一个性格内向的人。之前,我遇到令人愤怒的情形,第一反应往往是忍,压抑自己的愤怒情绪。但是这些愤怒情绪并不会因为压抑而自行消失,反而会时常在脑海中出现。

从心理学上讲,压抑愤怒情绪的坏处主要表现在两个方面:

首先,被压抑的愤怒情绪最终会伤害自己最亲近的人。被压抑的愤怒情绪一直在寻找机会释放出来,因此一个人很容易把自己在别处受的气转移到自己最亲近的人身上。例如,一个在公司受了气的人,可能不敢对公司的领导发火,于是回到家就对老婆孩子发脾气。

其次,有研究表明,长期压抑愤怒情绪还会导致一个人失去活力、变得抑郁。也就是说,被压抑的愤怒情绪会变成一种消极的负能量,消耗一个人对生活的热情。

第二,过度发泄愤怒情绪,会导致产生更多的愤怒情绪。

前面讲到,压抑自己的愤怒情绪是不可取的。那么,是不是只要把愤怒情绪发泄出来就好了呢?请注意,这里面有一个前提,那就是一定要把握好"度"。

心理学家泰斯通过研究发现，过度地发泄愤怒情绪，只会进一步唤起愤怒情绪，从而使人感到更加愤怒，而不是减轻愤怒。也就是说，人们对触发他们怒火的人大肆发泄愤怒情绪的时候，愤怒的时间是延长了，而不是终止了。

03.

刚刚我们在文章中提到，当你感到愤怒的时候，无论是过度压抑愤怒情绪，还是过度发泄愤怒情绪，都不是明智之举。正确的方式应该是，在保证理智和克制的前提下，适当地表达愤怒。

发怒也是一门艺术。适当地表达愤怒，可以向对方明确你的边界，从而帮你赢得对方的尊重。

在《制怒：如何掌控自己和他人的情绪》一书中，我读到了一项有趣的研究。面对雄马的挑衅，雌马也会表达愤怒，进而划定界限以重新赢得雄马的尊重。

"有的时候，雄马会变得暴躁，试图推挤身边的雌马。如果雌马没有心情继续这种恶作剧，它们就会竖起耳朵警告它后退。如果雄马不听，它们就会变得更加坚定，有必要的话还会站起来踢打或是惊声尖叫。当雄马最终给它们足够的空间，它们就会冷静下来，随后和雄马一起在最喜欢的树下午睡。"

从这段描述中，我们可以看到雌马先是对雄马的一些不礼貌行

PART 3 | 赢得尊重：你的善良，必须有点锋芒

为表示警告，这属于轻微地表达愤怒。当雄马对雌马的警告置之不理时，雌马会更加严重地表达愤怒，直到得到雄马的尊重。

我们也可以借鉴雌马的做法，根据对方的表现从轻到重地表达自己的愤怒，而不是走极端。否则，要么不敢表达愤怒，要么直接火山喷发般表达愤怒，从而给别人留下"这个人真好欺负"或者"这个人太情绪化了"的糟糕印象。

思维进化：人生持续精进的方法

并不是所有人都喜欢被平等地对待

01.

有一次，我从外地飞回上海，飞机降落在浦东机场。那是一个晚上，我还带着两个超级大的箱子。

于是，我选择从浦东机场直接打车回松江的住处。住在上海的人都知道，这段距离不算近，光打车费就将近300元。根据之前打车的经历，我知道在出租车司机眼中，这次我应该算是一位高质量的客户，因为接到像我这样的生意，出租车司机就不需要在晚上四处跑着拉客了。

我心里还想着，上车之后，出租车司机肯定会非常热情地对待我。事实证明，我想多了。

在我上车后，出租车司机和我进行了简单的几句交谈之后，就把手机开了免提，和朋友聊起天来，而且在聊天的过程中满口脏话。要知道，大部分上海出租车司机的素质都是非常高的。但那天我遇到的出租车司机带着一身匪气，非常不友善。

那位出租车司机用手机聊完天后，又和我交谈了几句，每次我都用非常客气的方式回应，但是出租车司机的反应却非常不礼貌。

无论我说什么观点，他或者不赞同，或者保持沉默。当我说出"做出租车司机也不容易"这句话的时候，他只是"哼"了一声，半响都没有其他反应。我坐在汽车的后排位置上，感觉很尴尬。于是，我也不再和他交谈。

然而，学心理学的我，总是忍不住换位思考，总是想要努力体谅对方。我在心里默默地想，也许是这位出租车司机跑夜车太累了，所以对我态度不好，我应该体谅出租车司机的辛苦和不易。

在过高速公路收费站的时候，出于礼貌和体谅，我再次主动问他："过路费是现在给你，还是最后一起给你？"不知道我的话在什么地方戳中了他的神经，他又非常不耐烦地说了一句："下车给！"

到达目的地之后，我付了现金，然后让出租车司机给我一张发票。没想到他火冒三丈，嘟囔道："急什么，没看到我正在找零钱吗？"找齐零钱之后，他把钱连同发票一起扔出车窗。有几元零钱我没有接住，飘在了地上。而这位出租车司机却是一脚油门，扬长而去。

这段经历让我感觉非常憋屈，每次回想起这件事，我都感觉气不打一处来。后来，我认真反思了一下，为什么这件事会对我产生这么大的消极影响？

答案是，这件事一直强烈地冲击着我的价值观。因为我一直相信，只要礼貌、友善地对待他人，他人就会以同样的方式对待你。因此，在和出租车司机交流的过程中，我始终保持友善、礼貌和克制。然而，我的友善与礼貌，换来的却是对方的无礼和粗暴。

02.

曾有一段时间，我在订阅号的后台中会收到很多问题。我不得不把每天大部分的空余时间都用来解答这些问题。有的人会问我很长很长的问题，我也会非常耐心地回复很长很长的答案。

开始的时候，我尽量保持耐心，想要平等地对待每一位提问的读者，因为我不想辜负任何一位读者。我会经常性地在回复留言的时候说类似下面的这些话：

"谢谢你对我的信任，选择向我倾诉你的心理困惑……""我非常理解你现在的处境，如果我是你，也会感觉心情很糟糕的……""根据你的问题，我给你下面三条建议……"

当然，大部分读者都是比较友好的，但是有些读者在收到回复后，不仅连声"谢谢"都不说，还经常做出类似的回复：

"啰唆这么多，你能不能用一句话来点醒我？""道理我都懂，可我只想知道该怎么改变现实！""如果你给我的建议根本就

PART 3 | 赢得尊重：你的善良，必须有点锋芒

不管用，怎么办？"

还有人在提问之后，喜欢用命令的语气再加上一句："你在忙吗？我已经向你提问了，看到之后请马上回复一下。"

噢，我的天哪！看到这样的回复，我整个人都不好了。

后来，我的画风变了。尤其是忙了一天很疲惫的时候；是回答了一个人N个问题，可对方连声"谢谢"都不说的时候；是给一个人提了很多建议，但对方还未尝试就觉得我的建议根本行不通的时候。在这些时刻，我不再坚持"平等对待对方"的原则。就像一个家长训小孩子一样，我采用了权威的口吻直截了当地告诉对方：

"你的问题就是想得太多，做得太少了。"

"请问你认真看过我给你提的建议吗？"

"我认真给你提的建议，你连试都没试，凭什么说不管用呢？"我不再采用平等的方式去对待那些令人头痛的提问者之后，没想到却收到了奇效。

"小宋老师，你的这句话一下子就击中了要害。"

"不好意思，宋老师，是我没有认真看你给我提的建议。"

"好的，老师，谢谢你，我先去试试您所说的几个方法吧。"

当我平等对待对方的时候，对方根本就不买账；当我板起脸准备发火的时候，对方却忽然软了下来，瞬间变身成小乖乖。

03.

一个从小就在平等、民主家庭氛围中长大的人，比较倾向于采用平等的方式对待他人；而一个从小就在权威、高压家庭氛围中长大的人，就比较倾向于采用权威的方式对待他人。

武志红在《为何爱会伤人》一书中曾提到这样一个观点，我非常赞同：一个人的外部关系，往往是内在关系投射的结果。所谓外部关系，是指一个人的外部社交关系。所谓内在关系，是指内在父母和内在小孩之间的关系。

一个人的内在关系往往会受到原生家庭的影响。如果在孩子小时候父母采用平等的方式对待小孩，这个小孩就会慢慢形成平等式的内在关系。当这个小孩长大后，在处理外部关系时，他就会采用平等的方式去对待他人。如果父母采用权威的方式对待小孩，这个小孩就会慢慢形成权威式的内在关系。当这个小孩长大后，他就会用权威的方式对待他人。

需要说明一点的是，拥有权威式内在关系的人，在人际交往中会首先以"权威的父母"角色自居，把对方当成"无助的小孩"对待，因此看起来就会比较凶。然而一旦遇到另一个比自己更加权威或更加严厉的人，这个人则会马上扮演起"无助的小孩"角色，显得异常乖顺。

看到这里，相信大家就会明白，为什么当我采用平等的姿态对待出租车司机或者微信订阅号后台的某些提问者的时候，反而会得到不平等的对待。

我们可以推测，他们有极大的可能性出生在一个权威式的家庭，从小就没有被平等地对待过。因此，他们就形成了权威式的内在关系。在与人交往的时候，他们要么显得盛气凌人（扮演权威父母的角色），要么显得异常乖顺（扮演无助小孩的角色）。

04.

看到这里，你也许会问："知道了这么多道理，又有什么用呢？"

的确，家庭环境对一个人的影响比我们想象中的要大。我们没办法马上改变对方，尤其是改变对方的内在关系，让一个在权威式家庭环境下长大的人变得温文尔雅、平等待人。除非他们能够深刻反思自己的成长经历，觉知到自己的问题所在，才有改变的可能性。

但是，明白了这些道理后，我们可以更好地和别人沟通，更好地保护自己。

具体怎么做呢？你如果采用平等的方式对待另外一个人，但是对方却不领情，反而采用非常粗暴的方式对待你，这说明对方把内心那个"无助的小孩"形象投射到了你身上，而他却以"权威的父母"形象自居。

这个时候，我们只要不接受对方的投射，或者将自己的语气变得强硬一些,就会使对方退回到扮演"无助的小孩"的形象。

也就是说,沟通的法则不是一成不变的,对待不同的人应该采用不同的沟通方式。如果对方适合平等的沟通,我们就采用平等的姿态;如果对方不喜欢平等地沟通,我们索性就加重一下语气,增强一些气势去和对方沟通吧。这样,反而会获得更好的沟通效果。

你是否具有被别人讨厌的勇气

01.

有一次,我在心理咨询室接待了一位因为人际关系问题饱受困扰的来访者。原来,这位来访者和他同寝室的一个室友特别合不来。

合不来的主要原因是,当那个室友需要帮助的时候,我的这位来访者总是会尽力帮助;但是当他需要帮助的时候,对方却总是摆出一脸嫌弃的表情。

"老师,当我解出一道物理难题,他问我解题方法的时候,我会毫不犹豫地告诉他我的解题思路。但是当他解出难题的时候,我问他解题方法时,他却说:'我凭什么要告诉你?'"

"我觉得这太不公平了。一想到这些事情,我就气得浑身发抖。"来访者越说越生气。

"看起来你的室友好像打破了人际交往过程中的互惠法则。因为你在不停地为他付出,而他却没有采用同样的方式回报你。既然这样,当他再向你提出请求的时候,你为什么不拒绝他呢?"我反问来访者。

"不知道为什么,我感觉拒绝别人的话总是很难说出口,我不想得罪人。"来访者低下了头,轻声地说道。

此外,我还观察到一点。这位来访者找我做心理咨询的时候,表现得过于客气和礼貌。他经常会说:"老师,抱歉耽误您这么长时间。""老师,抱歉给您出了这么多难题。""老师,希望我的问题不要影响你的情绪。"

过度的客气和礼貌,是缺乏安全感的一种表现。后来我就问这位来访者:"你是不是特别害怕被别人讨厌?"

"当然,老师,我想成为一个受欢迎的人。我希望室友能够按照我对他的那种方式友好地对待我,难道这个想法有错吗?"来访者急切地反问道。

我回答来访者:"这个想法看起来没错。但实际上,这个想法很容易成为一个人精神痛苦的来源。我们可以努力地做到与人为善,但是我们不应该强求自己被每个人喜欢。"

"因为努力做到与人为善,是你自己可以控制的;然而别人是否会喜欢你,则是你不能控制的。而过度执着于掌控别人对你的想法——希望某个人一定要按照你对待他的方式友好地对待你,就很容易让你产生挫败感。"我继续向来访者解释道。

听完我的话,来访者若有所思地点了点头。

02.

我曾经读过一本关于阿德勒个体心理学的书——《被讨厌的勇气》，书中有一个观点非常抓人眼球——所谓的自由，就是被别人讨厌。为什么这样说呢？

因为当你特别害怕被别人讨厌的时候，你就会努力去迎合每个人。在迎合别人的同时，你还会对别人产生更多的期待——例如，希望别人能够喜欢你。一旦别人没有喜欢你，或者没有按照预想的方式对待你，你就很容易在心理上遭受折磨，反复思考如何做才能改善人际关系，从而导致心情抑郁。

而当你敢于承认并且愿意接纳"无论你做了什么，有些人就是会不喜欢你、看你不爽甚至还会讨厌你"这个事实的时候，尤其是当你不再强求对方一定要喜欢你的时候，你就会活得很洒脱，进而获得精神上的自由。

一个学心理学的朋友曾经问我："你知道为什么老好人特别容易生病吗？"

"你说呢？"我反问他。

他回答：因为老好人最怕得罪人，害怕被别人讨厌，特别在乎别人的看法，在处理人际关系时就会显得很敏感。这样一来，他们在精神上始终得不到放松，有愤怒的情绪也不敢表达。由于心理上始终处于巨大的压力下，身体自然容易出现问题。

03.

曾经的我，也是一个特别害怕被讨厌的人。在给学生上幸福课的时候，最让我难过的事情就是，有的学生会在课堂上说话、玩手机或者打瞌睡。这让我感觉他们讨厌上幸福课。

虽然大部分学生都能做到非常认真的听课，对课程的评价也很高，但始终有个别学生，无论我多么卖力地讲课，他们都无动于衷。开始的时候，我感觉很泄气，甚至影响了我讲课的状态，隐隐约约地产生了一种习得性无助感："我如此卖力地上课，为什么却得不到你们的认可？"

以至于有一段时间，我经常做一个噩梦：我一个人在那里不停地卖力讲课，但是学生却一个接一个地从教室里走了。梦中的我，感觉非常无助和绝望。

后来，我通过不断自我反省认识到，自己就是一个没有安全感、特别渴望得到别人认可的人，我也缺少能够承受被别人讨厌的勇气。即使是在课堂外，处理其他人际关系的时候，我也很容易感觉心累，患得患失，活得一点儿都不洒脱。

有时候，我在网上发布新的文章之后，会害怕去看评论，因为我特别担心看到负面评价，担心自己写的文章被别人讨厌。

后来我慢慢发现，无论多么牛的人，写出多么棒的文章，被讨厌几乎都是不可避免的。反过来说，在网上发布的文章如果没有任何人提出负面看法，就只能说明这篇文章还不够火。

就像我之前出的新书，刚开始在网上销售的时候，几乎是清一色的好评，我知道，那都是我的朋友或学生写的评价。从另外一个侧面来说，这说明书的销量还很一般，只卖给了很少一部分人。有趣的是，当我在网上看到第一条差评之后，没过多久，我的新书就开始加印了。

也就是说，活在这个世界上，被人讨厌几乎是一件不可避免的事。一个人如果从来都没有被别人讨厌过，很可能是因为这个人活得太封闭，或者生活圈子太小，根本就没有机会被别人讨厌。

04.

请不要误会，我的目的不是鼓励大家去做让人讨厌的人。我真正想要表达的是，不要心怀"让每个人都喜欢自己"的幻想，因为这种过分的执着只会让自己更加痛苦。

那么，如何做才能鼓起"被人讨厌的勇气"呢？在《被讨厌的勇气》这本书中，作者提到了一个重要的概念，叫作"课题分离"。

什么叫作"课题分离"呢？有一则谚语是这样讲的：你可以将马牵到水旁，但是你不能强迫马一定要喝水。

在这则谚语中，将马牵到水旁，是你的课题；而马是否要饮水，则是马的课题。而"课题分离"的意思就是，我们只能保证完成自己的课题——把马牵到水旁，而马是否愿意饮水——那是马的课题，我们不应该去干涉，不能要求马一定要饮水。

回到文章开头提到的那个案例，我的来访者对他的室友有着深深的怨念："为什么我对室友这么好，室友却这么讨厌我？"

我应该告诉来访者："你非常友好地对待室友，这说明你已经顺利地完成了自己的课题。至于对方选择用什么样的方式对待你，那不是你的课题，而是对方的课题。很明显，对方没有很好地完成他自己的课题，这不是你的错误。所以，请不要用对方的粗俗无礼来惩罚善意的自己。"

再举一个例子。和我住同一栋楼的一个邻居，虽然接触不多，但是他以前见到我都很热情。后来不知道为什么，他见到我连招呼都不打了。我仔细回想了和对方交往的所有细节，觉得自己并没有做错什么事情。

开始的时候，我的心情很受影响，我也曾尝试和对方好好聊聊，但是对方的脸上一直都是厌烦的神情，不想和我好好聊下去。这件事情一度让我郁闷了很长时间。

后来，我忽然想到了"课题分离"的概念。既然在整个事件中我没有做错什么，那我何必要为这件事情闷闷不乐，拿别人的情绪来惩罚自己？没有处理好情绪的是对方，这是他的课题，不是我的课题。而我能做的，就是确保把自己的课题完成好。

想到这里，我的心情舒畅了很多。自从我理解了"课题分离"的概念，我觉得自己身上增加了很多"不害怕被人讨厌"的勇气。

我给那个给我差评的人打赏了两元钱

01.

有一天，我的一篇文章被某网站的编辑推荐到了该网站首页。估计很多人看到了这篇文章，我因此收到了一些好评和差评。其中的一条差评，带有明显的挑衅意味。

那篇文章的题目是《你什么都会一点，那得多平庸啊》。在这篇文章中，我强调了"千招会不如一招熟"的理念，并且写道："如果想要在职场中拥有核心竞争力，在学习知识的时候一定要达到某种深度。否则，学到的知识仅仅就是一些常识，而常识是无法带给一个人竞争优势的。"

我收到的那条差评就是："你啥也不会就不平庸了吗？"

看到这条评论后我的第一反应就是，这个人根本就没有认真读过我的文章，误解了我的意思。他很可能只是匆匆地看了一眼题目，就妄加评论。

想到这里，我不禁有些生气。出于好奇心，我点开了给我差评的那个人的头像，进入了他的个人主页。

我点开一看，博主是个小伙子，看头像很帅气，而且他也在这个网络平台上写文章。我认真看了他写的几篇文章，感觉文笔还挺好，虽然并没有多少人给他点赞。忽然间，我收住了那颗想要反击他的心。

我想，这个小伙子也在很努力地写文章，我们也算是同道中人了。只不过目前他的才华还没得到太多人的认可，非常缺少他人的鼓励，也许他因此才会有一些负面情绪想要发泄。

我一直相信，一个感觉非常幸福的人，是不会随意攻击别人的。一个感觉不幸福的人，才会主动伤害别人。

想到这里，我想做一个不同的尝试。对，你没看错，我动了一下手指，给这个小伙子最新发布的一篇文章打赏了两元钱。

我还给他留言："谢谢你的评论。给你打赏是为了告诉你，这个世界上除了恨，还有爱。"

02.

没过多久，我就收到了这个小伙子的回复："谢谢大哥以德报怨，么么哒。"收到这条回复之后，我感觉心里舒服了好多。

但是这个小伙子比我想象中的还要厉害，他的反思能力很强。

很快，他又更新了一篇文章，专门就这件事进行了深刻的反思。

他在文章中写道：

"午饭过后，我收到打赏的通知，是上午被我反手一巴掌打过去的人，他留言说感谢评论。这时我才觉得那巴掌原来打在了自己脸上。事物相较，可知轻重；品格相较，可见贵佞。

"在被人莫名吐槽之后，自问我做不到心平气和，在品格上我不如他；在没看文章的前提下就凭主观臆断，处事方式上也实在大有欠缺。我忙向原文的作者道了歉，又把那篇文章从头到尾拜读了一遍。

"反观自己，看多了网络时代一言不合就问候别人父母宗族的斑斑劣迹，随心所欲肆意挥洒自己的刻薄，施展毒舌，那并不是青年个性，也不是率性洒脱，说难听点儿那只是教养缺失，年少轻狂。"

看完这篇文章，我忍不住又给这个小伙子打赏了两元钱，为他的反思能力，为他透彻的说理，为他做人的坦诚点赞。

03.

我一直在微信订阅号和其他网络平台上同时推送文章。但是与订阅号相比，在其他网络平台上发布文章往往需要更大的勇气。因为在订阅号的粉丝中，很多都是我的学生或比较了解我的人，很少给我差评。

但是在其他开放的网络平台，各种各样的旁观者都有。人们很容易因为一句话看得不爽，就在文章结尾留下言辞犀利的差评，甚至把作者的全家都"问候"一遍。

虽然我明白，"一个人能够承受多少诋毁，才能承受多少赞誉"。但是每次收到负面评价的时候，我心里总是感觉非常不爽。

尤其有一些人，根本就没有认真看你的文章，只是匆匆扫了一眼，就开始对你整个人评头论足，什么"感觉你的文章就像小学生在写作文""你就是一个标题党"，等等。

有时候我会想，为什么这个世界上会有如此不友好的人呢？他们到底是受到了多少伤害，才会变得浑身上下都充满戾气呢？

更有甚者，会花好长时间，给我写很长的评论，只为了证明我是错的。我常常会想，如果有这么多时间，拿去提升自己该多好，总是花时间来贬低别人，也无法证明你自己就是厉害的啊！

04.

面对一些毫无依据的差评，我们可以选择和对方互骂，不停地争吵下去。但是这样做只会让我们陷入无止境的负面情绪，进而耽误更多宝贵的时间。因此，在大多数时间里，我会选择"冷处理"，不回复那些"差评"。

有时候，面对差评我也会简单回复一句："你说的也许是对的。"

你不要小看这句话的分量,它可是经过认真揣摩说出来的。这句话的妙处在于,看起来好像是在肯定对方的观点,从而让对方减少继续对你进行恶意攻击的欲望,同时也暗含了另外一层意思——"你说的也许是错的",温柔地捍卫了自己。

然而这一次,我选择"以德报怨"——用给对方文章打赏的方式去回应对方给我的差评。说实话,在给对方打赏之前,我还犹豫了一下。我担心对方会嘲笑我"好傻、好天真",也担心对方会回复我说"滚开,谁稀罕你这两元钱"。

后来,我还是决定抱着善意去尝试一下,反正只是两元钱,我又不会损失什么。

我一直相信,每个人的心底都有善良的种子,没有一个人是彻头彻尾的坏蛋。那些出言恶毒的人,一定是在现实世界中受到了太多的伤害。他们没有感受到爱的力量,所以才会带着愤怒到处伤人。

此外,我还深深地相信,能够展现一个人内心强大、充满力量感的做法,并不是拼命地贬低对方,而是带有一颗真诚的心鼓励对方。

想想真的很划算,我仅仅花了两元钱,就重拾了对美好人性的信心。

PART 4

压力管理
让压力变动力的管理秘诀

在心理学上,我们把因逃避压力而导致产生更多压力的现象称为"压力繁殖"。也就是说,逃避压力,不仅不会消除压力,反而会让压力不断累积,一直压到你喘不过气。

思维进化：人生持续精进的方法

压力真的是有害的吗

01.

提起对压力的看法，很多人都会赞成"压力是有害的"。

我们曾经被灌输了这样一些观念：压力会破坏我们的美好生活，让我们失去活力，影响身体健康，阻碍我们的成长，等等。总之，压力总是和各种负面信息联系在一起，让人感觉它是非常不好的东西。

而"压力有害论"所导致的结果就是——人们总会尽力逃避带来压力的事情，如逃避艰难的工作任务、逃避复杂的人际关系等。

前不久，一名学生留言说："老师，我感觉自己现在压力很大，能不能帮帮我？"

学生继续说道："高考结束之后，我被调剂到自己不感兴趣的专业。为了逃避学习上的压力，我经常逃课。我是一个非常内向的人，总是独来独往，和寝室同学也很少交流，我感觉他们对我的态度很冷漠，寝室的氛围总是冷冰冰的。为了逃避这种环境，我宁肯每天来回坐4个小时的地铁回上海的亲戚家睡觉。

"最近，我的情况更加糟糕了，我连学校也不想去了。学校给我下了最后通牒，如果我这周再不去上课，就要被开除学籍了。我感觉压力越来越大，而且在压力面前我只想退缩。老师，我到底该怎么办？"

在心理学上，我们把因逃避压力产生更多压力的现象称为"压力繁殖"。也就是说，逃避压力，不仅不会消除压力，反而会让压力不断累积，一直压到你喘不过气。

我告诉他："你已经退到无路可退了。此刻你唯一能做的就是鼓起勇气，去战胜摆在你面前的压力。回学校上课，是你需要战胜的第一个压力。如果继续逃避，你就会陷入一个更大的恶性循环。迎难而上，拥抱压力，这是你唯一的出路。只有这样做，你才能实现心灵上的成长，变得更加强大。"

简单概括一下，"压力是有害的"这一观念会导致我们逃避压力，而逃避压力又会产生更多的压力，产生消极的后果。

02.

下面，我们转换一下视角，一起看看压力对我们的益处。

在《自控力：和压力做朋友》一书中，我读到了这样一则惊险的故事。

在美国俄勒冈州,有两个十几岁的黎巴嫩女孩。她们在十分危急的时刻,抬起了3000磅重的拖拉机,救出了被压在下面的父亲。事后,她们告诉记者:"我们也不知道是怎么抬起来的,它(拖拉机)太重了,但是我们就是做到了。"

许多人在压力的情境中都会有类似体会:他们不知道怎么就找到了行动的力量和勇气。关键时刻,身体给了他们超人一般的能量,成功地战胜了眼前的困难。从这个小故事中,我们可以引申出压力对人类的一个重要益处:压力可以充分挖掘我们身上的潜力,进而让我们变得更加强大。

03.

有一段时间,我身上的压力一直非常大。这里面有来自学业方面的压力,也有来自工作方面的压力。在那段时间内,我同时在做3个人的事情:工作、读博、写文章。

但是,我始终都没有忘记提醒自己:压力是有益的。只要我能够鼓起勇气去战胜这些压力,我就会变得更强大。

事实也的确如此。在压力的逼迫下,总是感觉时间不够用的我,阅读了很多时间管理方面的书籍,如《小强升职记》《精要主义》《搞定》等,学以致用,让自己的时间管理能力进一步得到了提升。

为了确保自己能够及时做完各种事情，我养成了做周计划、日计划的习惯。每天早上一起床，我就把当天最重要的三件事情列出来，然后确保自己始终专注地去做最重要的事情。

在压力的逼迫下，一向心软又不懂拒绝的我，为了保护好自己的宝贵时间，开始变得不卑不亢，学会了有礼有节地拒绝别人。

在压力的逼迫下，以前只知道硬着头皮死撑的我，开始学会对自己的精力进行管理。在《精力管理》这本书的指导下，我知道了如何通过工作和休息的交替，最大限度地提升做事的效率。

在压力的逼迫下，我开始学会科学地使用大脑。我曾因用力太猛，出现了一些用脑过度的症状。在《让大脑自由》和《慢思考》这两本书的帮助下，我的大脑运转得更为高效。我慢慢养成了运动的习惯，开始重视睡眠的质量，并且戒掉了一心多用的坏习惯。

更重要的是，在压力的逼迫下，以前总是在为憋出一篇文章而发愁的我，有了源源不断的写作灵感。我写的压力管理方面的文章，有不少被比较大的网络平台转发，让更多的人从中受益。

可以说，正是工作和生活中的这些压力，充分调动了我身上的潜力，让我变得比以前更强大了。

04.

我最欣赏的当代教育家魏书生先生，在他的著作《班主任工作漫谈》中说过这样一段话："人的能力强都是工作多逼出来的，人的铁肩膀都是担子重压出来的。工作挑轻的，力气是省了，但是增长力气的机会也就错过了。"我觉得这段话就是对"压力能让人从中受益"这一观念的绝佳诠释。

很多人为了逃避压力，躲在自己的舒适区，拼命推脱各种挑战和责任。从表面上看，这些人好像占了很大的便宜。因为他们每天都会过得很舒服，不需要承受一丝多余的压力。但是换个角度来看，这些人却吃了很大的亏。因为没有压力的洗礼，他们就无法从压力中受益，进而失去变得更加强大的机会。

压力，是有意义的人生中不可或缺的一部分。

在做心理咨询的过程中，我慢慢发现，很多感到"精神空虚"的人，都不是因为他们生活中压力太大，反而是因为他们生活中缺少必要的压力。他们小心翼翼地规避了所有的压力，却无法躲避空虚的心灵。

其中的道理不难理解：生活中缺少必要的压力，人就没有机会开发自己的潜力，从而导致存在感的丧失（感觉不到自己存在的价值），而存在感的丧失，就会导致空虚感的降临。

所以说，我们应当把"压力有害，所以应该尽力逃避"的思维方式转换成"压力有益,它可以让我们变得更加强大"。

我们只有看到压力对自己的益处,才能去拥抱压力。而只有拥抱压力,我们才能在压力中不断成长,让人生更有意义。

尼采曾经说过:"那些杀不死我的,必将使我更加强大。"

目标管理：战胜压力的独门绝技

在写这篇文章前几天的一个晚上，我感觉心乱如麻，因为有太多还未完成的事情积压在心头。

在大部分时间里，我都能很好地克制自己的欲望。但是在那个晚上，面对这么大的压力以及疲惫的身体，我选择了逃避。

我掏出手机，一不小心就玩了将近两个小时。在这两个小时的时间里，我焦虑地浏览着手机上的各种新闻网页，而且越看心情越糟糕。天哪！作为一名经常教人如何提高自控力的老师，我的意志力竟然如此薄弱，真是没脸见人了！

最终，我放下了手机，开始在脑海中思索，到底有什么方式可以更好地化解目前所面对的压力。我想到了"目标管理"这4个字。

接下来，我就和各位分享一下如何通过五个简单明快的步骤，用"目标管理"这个工具来化解因"事情一多"而造成的心理压力。这五个步骤，我亲测有效啊！

PART 4 | 压力管理：让压力变动力的管理秘诀

01.把模糊的压力转换成明确的目标

我稳定了一下情绪，把压在心头的那些事情统统写在纸上。如最近读的心理学专业的书太少，最近订阅号文章更新的速度太慢，一篇论文的框架已经搭好，却迟迟没有动笔去完善。

当把这些压力源通过白纸黑字的方式清楚地写出来后，我感觉心里轻松了很多。我终于知道让我感觉压力重重的幕后黑手是谁了。

接下来，我又动手把这些压力源转换成了具体的目标。

我先在网上购买部分心理学的书，然后在这周剩下的几天时间里，每天坚持早起阅读一个小时；花费20分钟左右的时间，为本周即将发布的文章搭一个初步的框架，再花费两个小时左右的时间完成文章的初稿；每周至少抽出半天的时间来撰写和完善论文。

02.先通过完成一些小目标积累自信心

定好这些具体的目标之后，我从中挑选了两项相对容易达成的小目标，马上开始操作：第一，结合豆瓣上的图书评分，我在网上买好了近期要读的书；第二，我花了20分钟左右的时间，完成了一篇订阅号文章的大体框架。

完成这两项比较简单的任务之后，我感觉更加踏实了。

也许，你听说过"吃青蛙理论"。"吃青蛙理论"来自马克·吐温的一句名言："如果你每天早晨醒来后做的第一件事是吃掉一只青蛙，那么你就会欣喜地发现，在接下来的一天里，再没有比这更糟糕的事情了。"

看到这里，有人会对我提到的第二个步骤有所质疑——"根据吃青蛙理论，不是应该从最难的那个目标开始做起吗？为什么这个步骤要从最简单的那个目标开始做起？"

我们要学会具体问题具体分析。当心情十分低落、不想做任何事情的时候，我们可以尝试先从小目标入手，找点儿自信心。

因为人的自信心是可以不断累积的。当你完成小目标之后，你就会收获一部分自信；完成下一个目标后，又会收获另外一部分自信。当完成的任务越来越多的时候，你就会具备强大的自信心去挑战更加艰巨的任务了。

03. 把那些未完成的目标放进日程表里

第三个步骤，处理那些没有办法马上达成的目标。处理的方法是，把那些未完成的目标统统放进手机的日程表里。

例如，从明天早上开始，每天6：30—7：30读书1小时；明天18：00—20：00写作2小时并发布订阅号文章；周日13：00—16：00写论文3小时，完成论文初稿；等等。

我一直都用手机上的日历软件进行日程管理，只要点开一个日期，就可以清楚地看到当天所需完成的目标。

那么，我为什么要把这些制定好的目标放到日程表里呢？

因为这样一来，我就不需要天天在脑海中思考，自己还有哪些目标没完成了啊。我们如果让各种各样的目标都在脑海中盘旋着，让大脑不停地空转，只会增加大脑的负荷以及心理上的压力。把这些目标放进日程表里，我们的大脑就会轻松很多。

04. 完成目标之后记得给自己一点儿奖励

我们完成了上面三个步骤，并不意味着就万事大吉了。我们还要通过彪悍的执行力去完成这些目标，才能真正甩掉压力。

要想元气满满地去完成自己制定的目标，我们还需要给自己一点儿激励。

每当完成一个目标的时候，我们就可以及时奖励一下自己。奖励的原则就是小目标小奖励，大目标大奖励。

例如，在完成一个小目标之后，我们就奖励自己玩10分钟手机、去吃一顿好吃的或者奖励自己看一场电影。在完成一个大目标之后，我们就奖励自己去买一件心仪已久的衣服或电子产品等。

在畅销书《你一年的8760小时：34枚金币时间管理法》中，作者艾力提到，每次在规划一周的工作之前，他都会先把娱乐休闲（通常是玩《魔兽世界》）或者朋友聚餐的时间提前规划好。无论是"娱乐休闲"还是"朋友聚餐"，这些都属于完成目标之后对自己的奖励。

艾力在书中反复强调了奖励自己的重要性："这样的时间表，

会让你先看到自己有充足的娱乐休闲时间,从而对这一周充满了期待。"当你开始学会奖励自己之后,你会发现,完成目标的过程就像在玩一场有趣的打怪游戏。

05. 把"制定目标"变成一种习惯

当你因为事情多而感到压力巨大的时候,你就按照上面四个步骤操作一遍,基本上能让自己的心情放松不少。

但是,我们不一定非要等到压力巨大的时候再去进行目标管理。我们如果养成制定目标的好习惯,就可以有效避免出现"事情一多就心烦意乱"的情况。

很多人认为,制定目标很麻烦,不仅浪费时间,还会失去自由。殊不知,制定目标的背后是"主动掌控人生"的积极态度,结果是为你换来了更大的自由。

我一直相信这样一个道理:你如果不去掌控生活,就会被生活掌控。

时间管理：三条法则帮你轻松迎战职场压力

无论是在生活中还是工作中，很多压力都是由于一个人不懂得对时间进行有效管理造成的。下面我给大家介绍三条简单又好用的时间管理法则，帮助大家做好时间管理，从而轻松迎战职场压力。

法则一：10分钟法则

（一）适用人群

首先是拖延症患者。他们总是希望等到自己状态好些了，再动手做一件事情。最终的结果却是，神勇的状态迟迟不来，拖延症却变得越来越严重。

其次是喜欢逃避问题的人。他们总是能找出各种各样的理由，去逃避自己应当做的事情。例如，今天心情不好，我就不干活了吧；或者，我今天头有点儿不舒服，明天再完成剩下的工作吧。

（二）法则介绍

这是我在读《自控力》一书的时候学到的一个方法。所谓10分钟法则，就是指当一项工作任务摆在你眼前，无论你内心多么想要拖延和逃避，都请告诉自己：先坚持做10分钟看看。如果状态实在不好，再选择放弃；如果10分钟之后进入状态，就继续坚持下去。

（三）学以致用

万事开头难。人们往往容易在畏难心理的作用下，无法开始做一件事情。而10分钟法则之所以管用，就在于它能够通过给自己设置一个"10分钟"的小目标，进而让人们克服畏难心理，停止拖延，马上就动手去做一件事情。

大部分人在坚持完一个10分钟后，就会积累一部分自信心，发现工作任务并没有自己想象的那么艰难，于是就很容易继续坚持下一个10分钟，最终愈战愈勇，成功战胜拖延。

法则二：离线法则

（一）适用人群

首先是重度手机依赖症患者。他们整日捧着手机不放，即使在学习和工作的时候也不肯放下手机。一收到手机信息提醒，他们就马上查看。其次是那些只要工作一小会儿就忍不住去玩一会儿手机的人。

（二）法则介绍

所谓离线法则，就是指在工作的时候，关闭手机上网功能，让手机保持离线状态。此外，为了避免手机的诱惑，把手机装进口袋或者放到自己看不到的地方，让自己也保持离线的状态。

有人在坚持离线法则的时候，会担心错过重要信息。我们可以通过养成定时看手机的习惯，来解决这个问题。例如，我们可以每过半个小时或一个小时看一次手机，再集中回复信息。我们如果一收到信息提醒就马上去看手机，我们的注意力就会被频繁扰乱。

频繁翻看手机这个坏习惯，会极大地影响我们的工作效率。因为频繁地看手机，我们的思路会接连被打断。而一旦我们的思路被打断，我们往往需要花费更多的时间才能回到之前正在进行的工作轨道上。

（三）学以致用

我给大家推荐一款手机软件，帮助大家更好地贯彻"离线法则"。这款软件的名字叫作"Forest"（绝非广告）。

这款软件很有趣。你如果能够在25分钟的时间内不玩手机，屏幕上的一棵小树苗就会长成一棵大树，让你很有成就感。

但是，你如果忍不住去玩了一下手机，系统就会提示"你的树已经枯萎"。你如果想要养成一棵大树，就需要重新开始。当然，你也可以更加简单粗暴一点儿，在学习或工作的时候，果断切断网络，直到休息的时候再看手机。

法则三：四象限法则

（一）适用人群

每天都感觉自己忙忙碌碌，被各种各样的事情牵着鼻子走的人。他们会在忙碌了一天之后发现，重要的事情一件都没有完成，大部分时间都消耗在那些不重要的琐事上了。

他们还会感觉，自己投入了80%的时间和精力，最终却只有20%的产出。他们希望自己投入20%的时间和精力，实现80%的产出。

（二）法则介绍

四象限法则是时间管理的一个重要工具，也是用来提高工作效率的一个神器。这是我在读《小强升职记》这本书的时候学到的一个方法。按照四象限法则，我们可以将所有的事情分为四大类：重要紧急的事情（突发事件等）、重要不紧急的事情（锻炼身体、技能学习、经营人际关系等）、紧急不重要的事情（朋友的闲聊邀请等、参加不重要的会议）以及不紧急不重要的事情（刷朋友圈、和朋友漫无目的地聊天等）。

对待这四类不同的事情，我们应当采取不一样的态度。

对于重要紧急的事情，这一点毫无争议，我们应该马上去做；

对于重要不紧急的事情，我们应当制定时间表，有计划地去做；对于紧急不重要的事情，我们应该拒绝或者外包给别人去做；对于不紧急不重要的事情，我们应当尽量不做。

（三）学以致用

在《高效能人士的七个习惯》一书中，史蒂芬·柯维提到高效能工作者的一个重要习惯，那就是要事第一。当太阳升起、新的一天来临的时候，我们应当从最重要的事情开始做起。

具体来说，我们可以先把一天中非常重要的三件事情在纸上或手机上列出来，形成我们的日计划，然后完成一项删除一项。

日计划制订好之后，我们应当先集中精力去做那些重要紧急的事情（例如，某个即将到达截止日期的重要任务等）。接下来，我们应该去做那些重要却不紧急的事情（例如，按计划读书、写作、学习新技能等）。

如果前两类重要的事情都已经完成，我们再考虑是否要去做后面那两类不重要的事情。如果重要的事情还没有完成，我们就一定按照上文所讲到的方法去处理重要的事情。

对于紧急不重要的事情，我们先考虑能否拒绝，如果不能拒绝，我们就想办法委托别人去做；对于不紧急不重要的事情，尽量不做。

说实话，我曾经也十分迷恋整日忙忙碌碌去做那些不重要事情的感觉,还天真地认为那就是所谓的"奋斗"。后来我才发现,这种虚假的"奋斗"并不能为我的生活带来任何实质性改变。我们只有刻意地预留出时间,一步一个脚印地去做那些真正重要的事情,才能体会到奋斗所带来的充实感、幸福感和意义感。

精力管理：三招帮你告别力不从心

一位网友曾给我留言，她有一颗不甘于现状的野心，但是苦于没有时间和精力去改变现状。每当下班回到家的时候，她都感觉身心疲惫，什么都不想做，真的没有精力再去读书或者学习了。

我也曾经为这种情况苦恼。我常常会在工作了一天之后，晚上迫切想要看点儿书提升自己。但是当静下来的时候，我却发现自己身心俱疲，根本没有继续学习的力气了。

渐渐地，我认识到，在奋斗的路上我光有一颗拼命三郎的心并不够，还要懂得如何合理地使用自己的精力。

后来，从《精力管理》一书中我学习到：如何保存自己的精力，如何更加有效地去使用自己的精力。慢慢地，我的精力状况比以前好了很多。

下面，我就把自己亲身实践过同时又觉得比较管用的三个精力管理的妙招分享给大家。

第一招：全情投入，及时休息

我的一位朋友小G，他总是一副精力旺盛的样子。他走起路来抬头挺胸，说起话来中气十足，做起事来效率很高，仿佛刀起刀落，非常干脆。

有一次，我问他保持旺盛精力的原因，他和我讲起了一句英语：Work hard，play hard（拼命工作，尽情玩耍）。这句话的确很有道理。在《精力管理》一书中，作者用另外一种方式诠释了这个理念："最丰富、最快乐和最高产的生命的共通之处，就是能够全情应对眼前的挑战，同时能够间断地放松，留给精力再生的空间。"

如果用两个短语来概括这句话的意思，就是：全情投入，及时休息。

为什么说要全情投入呢？因为我们只有全情投入，才能充分提高工作效率。工作效率高，我们才能尽快地完成任务，从而预留出更多的时间用来放松、恢复精力。

为什么要及时休息呢？很多人都把在工作中休息当成一种偷懒行为。但是实际上只有及时休息，我们才能保证有效的产出。

古希腊运动员训练手册的编撰者斐洛斯特拉图斯曾经提出，通过运动和休息的交替，可以最大限度地提高成绩。

从精力管理的角度来说，你如果想保持精力旺盛的状态，就不要把工作当成一场漫长的马拉松，而是要把它当成一系列的短跑冲刺。短跑冲刺的特点就是，在比赛的时候做到全情投入，而在比赛结束之后要及时休息。

第二招：不要硬撑，心随境转

我的办公室，经常会有学生进进出出，所以办公环境通常比较嘈杂。

我若想在嘈杂的环境下进行工作，通常需要耗费更多的精力将自己的注意力集中在工作上。

有时候，为了提高工作效率，我会戴上耳机，屏蔽掉噪声。但是即使一直戴着耳机，我有时也会忍不住去听别人在说些什么，担心漏掉一些重要信息。这种惶惶不安的心情也会过多地消耗我的精力。

后来我就发现，在环境嘈杂的时候自己硬撑着去做一些烧脑的工作，会快速消耗我的精力。

经过不断反思与改进，我给自己提出了一项"心随境转"的原则。嗯，你没看错，这里写的是"心随境转"，而不是"境随心转"。

什么是"心随境转"呢？它的意思是你要跟随环境的变化适当调整你的工作状态。当周围环境很安静的时候，你应该充分利用这段时间好好工作和学习。当周围的环境很嘈杂，不适合继续手中工作的时候，你应该随着周围的环境做出相应的调整，利用这个机会好好放松一下，不要再强迫自己继续工作。

现在的我，很少再强迫自己在嘈杂的环境下继续工作，因为我知道这样只会变本加厉地消耗宝贵的精力。如果身边的同事都在探讨工作话题，我就索性加入其中，好好和他们聊几句，就将其当作一种精神上的放松。

正所谓，此心不动，随机而动。

第三招：养成习惯，节省精力

有一段时间，我的文章更新得不是很频繁。在这一点上，我感觉有些焦虑。

当然，我可以为自己找很多理由来推脱。例如，自己正在读博士，需要花费大量的时间去读专业书。另外，最近感觉身体有些透支，我想要好好休息，等等。

但是，当认真反思这个问题时，我发现问题的症结在于：我放弃了自己曾经坚持的好习惯。曾经每天晚上吃完饭后，我都是先坐在电脑桌前写一会儿文章。而最近我总是会在吃完晚饭后，躺在床上先玩一会儿手机。

丢掉了在固定时间内写作的习惯，我经常会突然想起还未完成的写作任务，内心非常焦虑。但是当我真的抽出时间要去写作的时候，我又发现，自己的精力已经消耗得差不多了。

《精力管理》一书中有这样一句发人深省的话："如果你每次做某件事之前都需要思考一下，那么你很可能不会长久地坚持去做这件事。"

为了激励自己不断进步，我通过网络关注了不少专业人士。后来，我发现这些人都有一个共同点，那就是他们都有坚持做一件事的好习惯。例如，坚持早起，坚持在一个固定的时间段内读书和写作，坚持运动，等等。

我们经常说："优秀，是一种习惯。"

养成一些良好的习惯不仅可以让一个人变得更加优秀，还可以帮助一个人更好地节省精力。

想想看，一个人如果没有形成一些做事情的习惯，那么这个人每天都需要花费大量的时间去考虑"在接下来的这段时间内，我应该做什么"等一类的问题。而这种思考通常要耗费大量精力。

举个例子，你如果是一个爱学习的人，但是你没有养成读书的习惯，那么你每天都会花费大量的时间去思考"我到底该在哪段时间去读书"的问题。这种思考就是对精力的一种损耗。

我们如果能够养成每天早起读书的习惯，那么每次在读书前我们就会少很多挣扎和思考的过程，从而把节省下来的宝贵精力用来读书。

所以，你如果想要减少在思虑上花费的时间，把你最宝贵的精力更好地用在刀刃上，就尝试着去养成一些优秀的习惯吧！

思维进化：人生持续精进的方法

跑步，在我状态最差的时候拯救了我

01.

坦白说，我在2016年的下半年过得并不怎么好。我在那段时间写的文章，经常会出现"最近，我感觉压力很大"等一类的话。

从积极的角度来讲，这也是一件好事。因为我开始对"压力管理"这个主题更加感兴趣，也在这方面写了不少文章。

回到正题。从2016年下半年起，"成就动机"过于强烈的我，为了让自己早日实现所谓"质的飞跃"，在读书和写作方面都对自己提出了更高的要求。因为拼得太猛，我感觉身心疲惫，状态很差。

在此期间，我很少锻炼身体，同时还在短时间内逼着自己读了很多比较难啃的书。有一天，我读完亚里士多德的《尼各马可伦理学》这本书之后，开始隐隐约约地感觉头痛，而且这股头痛并没有在短时间内消失。在接下来的两个多星期里，我感觉身体乏力，大脑发沉。

我甚至开始怀疑自己大脑里是不是长了什么不好的东西。后来到网上一查才知道，这是用脑过度表现出的症状。

我马上停下了各种读书和写作计划，并且尝试用不同的方法来缓解头痛。例如，我早早睡觉，也不再坚持早起。在将近两个星期的时间里，我都尽量做到自然醒，保证充分的睡眠。

如此一来，我的大脑稍微舒服了一点，但只要稍微一看书，我还是能感觉到头部有一些不适。

后来，家人开始给我加一些营养品，喝鸡汤、吃海参，我连吃了几天补品后，感觉身体恢复了一些。但可能是补过头了，牙龈又开始上火，于是我就停了营养品的补充。

那么，我究竟做些什么才能缓解用脑过度的症状，从而恢复到原来神勇的状态呢？

02.

在认真反思一番后，我发现自己经常以"太忙"为借口，在2016年下半年没有参加过任何形式的运动。

虽然有时候我会忽然想起自己很久没运动了，但是我会马上安慰自己，至少运动手环上显示，每天走的步数都很多，这就权当是运动了吧。

在没有什么更好的方式来改变现状的时候，我忽然想到，或许可以尝试去跑步。

我想起了村上春树写的这本书——《当我谈跑步时我谈些什么》。我想，像村上春树这么高产的作家每天都会坚持跑步，那么跑步这件事情对于脑力劳动者来说一定有很多特别的益处。于是，我就开始了自己的跑步之旅。

第一天跑步结束后，虽然头部还隐隐约约感觉有些发沉，但整个人的精神状态明显好了很多。尤其是在洗完热水澡后，我重新找回了久违的浑身舒爽、焕然一新的感觉。

隔了一天后，我又去跑步。这一次，很明显，我找回了更好的状态。

即使在跑步之前我还要和自己进行长时间的思想斗争，纠结要不要去跑。我内心的一个声音告诉我："换衣服太麻烦，去运动太浪费时间。"幸好，内心另外一个强有力的声音进行了回击："这些麻烦和运动完之后那种舒爽的感觉相比，真是不值得一提。"

事实也的确如此。在跑步结束的那天晚上，我去了图书馆，高效学习的时间超过了一个小时。要知道，在之前状态低迷的时候，我只能保证在图书馆坐一个小时，但是远远无法达到高效学习的状态。

我必须说，我重新迷上了跑步，开始渴望得到跑步结束后那种"头脑灵活、浑身上下都充满活力"的感觉。

我也更加明白村上春树在《当我谈跑步时我谈些什么》一书中，曾经提到的一个支撑他跑步的重要原因——"想将身体感受到的愉悦尽量维持到第二天"。

03.

为什么跑步会有如此神奇的作用呢？我买了几本脑科学的书，想一探究竟。

在《让大脑自由》一书中，我找到了"运动可以让我们的大脑更好地运转"的一些实证。

"运动可以使更多的血液流向大脑，为大脑带来丰富的葡萄糖作为能量，同时还能带走氧气吸附遗留下来的有害电子。"

"运动对人类大脑最强的生长因子——脑源性神经营养因子具有强烈的刺激作用。这种蛋白质可以保持现有神经元的年轻和健康，促使它们彼此相连。此外，它还能促进神经形成，在大脑中形成新的细胞。"

运动对大脑的好处还不止这些。相关研究还发现，"只要每周两次有氧运动就可以将罹患一般痴呆症的风险降低一半，而且将患阿尔茨海默病的风险减少60%"。

此外，运动对干预一些精神障碍（如抑郁症和焦虑症等）也有一定的积极效果。在一项针对抑郁症个体的实验中，研究人员发现："严格的体育锻炼实际上已经代替了抗抑郁药物。即使与药物控制组相比，治疗效果也是惊人地成功。"

04.

说实话，在认识到跑步有这么多好处之前，我一直是一个讨厌跑步的人。

一方面的原因是，我感觉跑步是一件非常单调和无趣的事情。想想看，一个人在那里不停地跑圈，不停地重复同一个动作，也不能和其他人交谈，真的很无聊。另一方面的原因是，我感觉跑步比较麻烦，例如跑步前要换上一身运动装备，还要做一些热身活动等。

以前的我，更喜欢打篮球或者散步。因为打篮球的时候，有很多人陪着你一起玩，你还可以放肆地大喊大叫，宣泄心中的很多郁闷情绪。而散步的优势就是，可以省去很多换衣服的麻烦。

然而，渐渐地，我也发现了这两项运动的劣势：打篮球往往需要凑齐10个人才能打全场比赛，因此就不能随时随地去进行这项运动；而散步的劣势就是，如果走得太慢，就没有办法达到有氧运动的基础要求，因此无法起到锻炼身体或者强健大脑的作用。

如此一来，跑步的优势就凸显了出来。你不需要像打篮球那样，凑齐好几个人再去运动；而与散步相比，跑步也算得上真正的有氧运动。

让我感到庆幸的是，在状态最差的时候，我重新开始跑步，并且渐渐地爱上了跑步。

05.

养成跑步的习惯之后，我整个人又重新焕发了活力，头痛的症状渐渐消失了，睡眠质量也比以前好了很多。

而跑步带给我的并不止这些身体上的益处。

有一天在跑步的时候，刚刚读完《禅者的初心》的我，忽然涌出这样一个念头：如同禅宗将打坐当成一种修行一样，我觉得对于一个脑力劳动者来说，跑步也是一种修行。

在跑步的时候，我们需要不断重复同样的动作。我们想要在一个领域取得一定的成就，不都需要这样一种韧劲儿去重复做同样的事情吗？

我一般都是早起读书，然后利用晚上的时间写作。坚持做这两件事非常枯燥，有时候我会偷懒，偷偷玩会儿手机，浪费了不少时间。但是一个人要想有所成就，有时候就需要这种像跑步一样重复去做同样一件事情的精神。

不得不说，坚持跑步会强化一个人的毅力。慢慢地，在学习或工作中我变得比以前更坐得住了。这或许就是跑步给我带来的精神层面上的益处吧。

最后，我想引用村上春树在《当我谈跑步时我谈些什么》中的两段话作为文章的结尾："我从一九八二年的秋天开始跑步，持续

思维进化：人生持续精进的方法

跑了将近二十三年，几乎每天都坚持慢跑，每年至少跑一次全程马拉松——算起来，迄今共跑了二十三次，还在世界各地参加过无数次长短距离的比赛。"

"跑长距离原本与我的性格相符合，只要跑步，我便感到快乐。在我迄今为止的人生中养成的诸多习惯里，跑步恐怕是最有益的一个，具有重要意义。我觉得由于二十多年从不间断地跑步，我的躯体和精神大致朝着良好的方向得到了强化。"

我希望越来越多的人能够爱上跑步，并且从中受益。

失眠的时候，请接受
身体内在智慧对你的提醒

01.

我算是一个资深失眠者，曾经有过长达一年的失眠经历。幸运的是，我最终成功地从失眠的阴霾中走了出来。我还曾受邀到一所大学为心理学专业的研究生们做了一场有关"失眠与觉醒"的主题分享。

在那次分享中，我告诉在场的老师和同学们：失眠对我来说，是一份包装丑陋的礼物。

睡不着觉的时候，往往是我们离真实的自己最近的时候。正是因为失眠，我才开始慢慢探索自己的内心；正是因为失眠，我才开始慢慢追随自己的内心做事情。

我把失眠当成了身体内在智慧对我的一种提醒。正是在失眠的引导下，我才一步步走上正确的道路。如果不是当年出现了失眠，现在的我不可能成为一名讲授积极心理学课程的老师。

在那次分享结束后，我一直在思考如何将自己的个人经验上升到一定的理论层面，从而惠及更多的人。

后来，我读到了加藤谛三的《写给失眠者的心理学》这本书。这真的是一本写给失眠者的绝佳好书，尤其是对于我这种曾经有过失眠经历的人来说。这本书非常系统地诠释了失眠的原因以及应对方法。

02.

从表面看，失眠好像是由某些现实原因造成的。例如，明天要去做一个重要的演讲，因为担心发挥不好而紧张失眠；或者白天受到了某个领导的批评，因为很失落、很伤心而失眠；或者自己遭受了不公平的待遇，但是又无法表达出来，因为气愤而难眠；又或者因为未来的感情问题、职业转换问题等重大事件焦虑难眠；等等。

但实际上，失眠是由深层次的心理原因造成的。想想看，上述令人不爽的情景很多人都会碰到，但是有的人会失眠，有的人却能安然入睡。为什么会出现如此大的差别呢？关键在于人们的心态不同。

《写给失眠者的心理学》提到，导致一个人失眠最重要的心理因素就是自卑的心态。

为什么这样说呢？因为当我们对一个失眠者进行心理画像的时候，我们不难从他身上发现下列共同特质：多愁善感、害怕拒绝别人、没有安全感、不敢表达愤怒、害怕得不到别人的认可、容易紧张焦虑等。

而这些心理特质都指向一个核心特质——自卑。

加藤谛三在书中写道："有自卑感的人，从小开始就觉得是因为自己不够优秀而不被大家喜欢。自卑的人时刻被'我要变得更加优秀'的声音催促着，并因此而焦虑。如此一来，自卑的人才总是很紧张。他们总是为心中的'必须做这，必须做那'的声音催促而焦虑。总是很紧张，睡得着才是件奇怪的事情。"

03.

加藤谛三在书中还写道："今天的失眠不是因为昨天发生的事情，有可能是十几年的生活方式才导致了今天失眠的你。"

我从小就是一个有自卑感的人，至少"自卑"这个词在老师给我的期末评语中出现过很多次。也许这和我的成长经历有关。在我小时候，父母为了更好地生活，常年在外面做生意，把我留给爷爷奶奶看管。于是，我很少能够得到父母无微不至的关心和照顾。

对于一个小孩子来说，当他无法得到父母无条件的关心和爱的时候，他就会感觉自己是不值得被爱的。因此，他会没有安全感，还会很自卑。

父母对孩子无条件的爱，是一个人自信心的最初来源。

如果一个孩子能够在童年期得到父母无条件的关爱，那么他长大后就很容易拥有自信心。如果孩子在童年期没有得到父母充分的关爱，那么他长大后就很容易拥有一颗自卑的心。

生性敏感的我，自然很容易失眠。我总是害怕得不到别人的认可，我经常会因为第二天的某个重要讲座或演讲而紧张得失眠。2009年，我更是因为担心研究生毕业之后找不到一份合适的工作，失眠了整整一年的时间。

现在的我，已经与失眠和解了，因为我对自己失眠的原因已经有了清醒的觉知。我知道，自己之所以容易失眠，是由我的个性特征和童年的生活经历造成的。我没有办法改变我的个性和童年经历，我能做的只有平静地接纳现实，然后不断调整自己的心态。

接纳现实之后，我很少再像以前那样整晚睡不着了。偶尔一次失眠，我也会把失眠当成一位老朋友。我会认真体悟每次失眠告诉我的东西，并且把失眠当成对我的一种友善的提醒——"是时候调整一下自己的心态了"。

04.

下面，我就来谈谈该如何应对失眠。注意，在这里我们要探讨的是心因性失眠。俗话说，心病终须心药医。所以，睡前泡脚、洗澡、数绵羊等方法不是这篇文章的探讨主题。另外，你如果是因为白天咖啡喝多了而失眠，也请自动绕行。

首先，我们要把失眠当成一份礼物。

失眠是身体内在的智慧在提醒你："不要再继续维持现状了，是时候做出一些改变了。"

比如，有一个不适合做销售的人，为了赚得高薪，硬是逼自己从事销售工作。结果他每天都感到工作压力巨大，经常失眠。这就是身体的内在智慧通过失眠的方式在提醒他，应该放弃销售工作或者调整自己病态的野心。

后来他追随内心的声音，换了一份工作。从此生活质量和满意度都有了很大的提升，他很少再失眠。

我们如果能够接受身体内在智慧的提醒，及时做出一些改变，就会将失眠变成一件好事，变成一份礼物。

其次，我们要直面问题，不要逃避。

失眠，是反思自己的绝佳机会。因此请大家直面失眠，不要逃避。我们越是想从失眠中逃离，越会在失眠的旋涡中越陷越深。

人们已经发明了很多逃避问题的方式。无论是酗酒，还是吃安眠药，这些方式都可以让你暂时昏昏沉沉地睡过去。可是，这都是逃避问题的表现，是治标不治本的做法。

2009年失眠的时候，我曾尝试过各种各样的方式治疗失眠，如喝点儿酒，吃点儿促进睡眠的保健品，白天拼命地打篮球让自己的身体变得疲惫，看了很多养生的书，拼命地玩电脑，等等。而这些都是逃避问题的表现,我的睡眠质量依然很差。

直到后来,我痛定思痛,鼓起勇气开始面对现实。当时我因为害怕找不到理想的工作而焦虑失眠,我就从增强自身能力开始,一点一滴地去奋斗——考证、读书、找实习工作,等等。当踏踏实实地做完这一件件的事情之后,我的睡眠质量开始慢慢变好。

最后,我们要走出孤独,建立亲密关系。

大家想象一个在母亲怀抱中安睡的婴儿。婴儿之所以能够安然入睡,是因为母亲的怀抱可以给他安全感。对于一个容易失眠的人来说,如果有信任的人在身边,便能找到一份安全感,就很容易安然入睡。

在这个世界上,比野兽更可怕的就是寂寞。一个寂寞的人,一旦丧失了和这个世界的联结感,就很容易失眠,因为他害怕一个人去面对冰冷的夜晚。

一个朋友告诉我,她在异地求学的时候经常失眠。每当放假回家的时候,她就能安然入睡,因为家里有她最爱的人。无论有多大的压力,她只要睡在家里的床上,就会感觉很踏实。

要想建立亲密关系,我们就要卸下自己的层层伪装,真诚地去交朋友或者认真地经营一份感情。对于一个失眠者来说,一旦拥有了稳固的亲密关系,就容易安然入睡了。

希望今天晚上,你能够做个好梦。

PART 5

自我激励
自我怀疑才是最大的阻力

如何对待工作中令自己感到无聊的那部分，恰恰能反映一个人在职场上的心智成熟程度。这个时候，我们就需要对自己进行有效的自我激励。

思维进化：人生持续精进的方法

如何充满热情地去做一份平淡无趣的工作

我用手机写这篇文章的时候,天色已晚,当时我正坐在回家的地铁上,周围乘客的脸上都写着疲惫。

我猜想很多人都和我一样,生活得并不容易。我每天很早就要起床上班,很晚才能下班,在上班和下班的路上还要忍受着这座城市拥挤的交通。

但我一直坚信一个道理:对于年轻人来说,最怕的不是工作上的辛苦,而是看不到未来的希望,丧失了对工作的热情。

假如一个人能够充满热情地去做一份工作,那么他很少会抱怨工作的辛苦。假如他已经对工作丧失了热情,那么他每天都会在无声的绝望中煎熬。

对于年轻人来说,保持工作的热情是一件非常重要的事情。而我们今天要探讨的话题就是:如何通过切实可行的方法对自己进行有效的自我激励,进而帮助自己重新找回工作的热情?

PART 5 | 自我激励：自我怀疑才是最大的阻力

01. 为平凡的工作赋予特殊的意义

我们先来看一项有趣的研究。

来自美国纽约大学的一位教授瑞兹奈斯基和她的同事一起研究了28名医院清洁工的工作日常。因为他们都是清洁工，所以他们的工作内容几乎一模一样。

但是，这些清洁工在工作中展现出的精神状态完全不一样。有的人工作积极主动、充满热情；有的人工作消极被动、闷闷不乐。

那么，充满热情的清洁工和闷闷不乐的清洁工相比，最大的差异在什么地方呢？

原来，那些工作积极主动的清洁工，并不仅仅把自己当成一名清洁工，他们还把自己当成病人的健康管理师。他们好像带着一种特殊的使命在工作，坚信通过自己的清洁工作可以创造更加美好的环境，从而促进病人身体更快康复。

因为有一种强烈的使命感，所以这些清洁工能够更加高效地去工作，更加主动地去预见医生和护士的需求，他们甚至会主动增加自己的工作量。

相反，那些把清洁工作当作一份苦差事的人，仅仅会完成自己分内的工作，并且处于消极应付的状态。

同样一份清洁工作，因为被赋予了不同的意义，清洁工们展现出了完全不同的精神状态。

我再举一个例子。有一次，我受邀为一群从事特殊教育工作的老师做一场有关如何提升职业幸福感的讲座。在和这群老师交流的时候，我得知特殊教育老师的工资并不高，工作内容单调枯燥，工作难度也很大。

一名特殊教育老师告诉我，她曾经花了好几天的时间才教会一名智障儿童拍篮球这个简单的动作。在那几天里，她几乎天天都在重复同样的教学内容。

那么，为什么这些特殊教育老师能够坚持做这样一份工作呢？经过一番了解后我得知，那些从事特殊教育很多年、并且依然对这份工作保持着热情的老师，都为这份工作赋予了特殊的意义。

他们觉得自己才是真正的灵魂工程师，认为自己的工作非常有意义。当然，事实也的确如此。同时，他们内心有一股强烈的使命感，他们想要通过自己的努力，帮助更多的特殊儿童树立生活的信心。

所以，如果能够为普通的工作赋予特殊的意义，也许可以帮助你重新找回对工作的热情。

02.在工作中尽可能地发挥自己的优势

我在大学里的工作内容，除了给学生上幸福课，还要做一些行政管理方面的工作。很多人都知道，学生管理工作非常烦琐，我还经常会担心自己带的学生出现一些突发状况。

刚开始工作的时候，我十分焦虑，因为我常常感觉这份工作无法充分发挥自己的潜力。工作到第三年，我开始产生一些职业倦怠感。

就在那时，我接触了积极心理学。积极心理学之父马丁·塞利格曼提出了一个理念：所谓幸福，就是找出自己的优势，并且在生活和工作中尽可能地发挥它。

我十分相信这句话的力量，并且开始按照这一理念去重新认识我的工作。

我知道，自己的优势在于我的心理学背景，我善于说服别人、在思想上影响别人。于是在做好本职工作的同时，我开始在学校开设幸福课，写订阅号文章，传播积极心理学的知识和相关理念。

当然，我去做这些发挥自己优势的事情，意味着要牺牲很多业余时间。我经常在上了一天班之后，晚上接着给学生上两个小时的幸福课，还要坚持早起晚睡，完成订阅号文章的写作。虽然很累，但是我认为这一切努力都是值得的。因为在这个过程中，我体会到了强烈的成就感和幸福感。

一个人的优势在工作中运用得越多，他的存在感就会越强，幸福感指数也就会越高。而积极情绪是可以迁移的。当你发挥自己优势的时候，你会感到开心，而这种开心的情绪可以迁移到工作的其他方面，从而让你重新燃起对工作的热情。

03. 重新发现当下工作中美好的一面

有一次，几个大学同学聚会。很快，这次聚会就变成了一场吐槽大会。大家纷纷谈起自己在工作中遇到的烦心事，每个人发言的目的好像只有一个，那就是要证明自己的工作才是世界上最无聊、最悲惨的事。

我们几个人都已经工作很多年了，大家的心态也从刚刚开始工作时的感恩和兴奋，变成了对工作的倦怠和无奈。

就像两个结了婚的人在一起待久了，很容易把另一半的优点当成理所当然，满眼都是对方的缺点一样。一份工作做久了，我们也很容易选择性地忽视它美好的一面，满心都是对它的不满。

陀思妥耶夫斯基曾经说过："人只喜欢数他自己的烦恼，却不计算他的幸福。"

要想重拾工作的热情，我们就要重新发现当下美好的一面。那么，我们如何做才能发现当下美好的一面呢？我想答案就是四个字：不忘初衷。

首先，如果你觉得现在这份工作有那么多令你不满意的地方，那么不妨思考一下：当初你为什么要选择这份工作呢？既然当初你能从众多工作中选择了现在的这份，就说明它一定有非常吸引你的地方。

其次，如果你对现在的工作如此不满，那么为什么没有辞职呢？想必它一定也有让你恋恋不舍的地方吧。

例如，那些嫌工作赚钱少的人，往往是因为过于看重工作中相对稳定和轻松的一面。而那些抱怨工作压力大、没时间休息的人，往往是被"赚大钱、做大官、成就一番伟业"的工作价值观吸引了。

我们没有必要因为工作中的不如意抱怨过多或者怪罪别人，毕竟路都是自己选的。

你如果没有跳槽的勇气，那么对当下工作抱怨过多，只会更快地消耗你身上仅存的热情。

我们只有经常提醒自己去发现工作中原本就存在的美好的一面，才能重新找回工作的热情。

如何从看似无趣的事情中获得最大的收益

01.

在读研究生的时候，每门课程结束后，我们都要上交一篇小论文作为课程的作业。很多人对待这些小论文的态度都是马马虎虎、东拼西凑、差不多能交差就行。

然而，我的一位同学对待这些小论文的态度和大部分人截然不同。他是一位高校在职老师，为人处世特别成熟，我们都亲切地称呼他为"大哥"。

"既然都花时间去写这篇小论文了，为什么不多花点儿精力，把它写得用心一点、专业一点，然后争取把这篇论文发表在学术期刊上呢？"这是这位大哥曾经对我说过的话。

他非常用心地去完成每门课程最后的小论文，并且积极地去投稿。3年下来，他发表了很多篇论文，有好几篇论文都是在核心期刊上发表的。

现在我研究生毕业已经5年了，而这位大哥凭借他那股做事认真的劲儿，在一所师范大学里，先是从讲师被破格晋升为副教授，然后又被破格晋升为教授。现在，他已经是硕士研究生导师，开始带研究生了。

我们在迫不得已要去做一件看似无趣的事情的时候，不妨采用"一石二鸟"的心态。

例如，你在一家国企工作，根据领导的要求，不得不写一份年终总结。很多同事都从网上下载一份，稍加修改，应付了事。而你却可以采用"一石二鸟"的心态去做这件事情，多花点儿心思去写这份年终总结。这样一来，你不仅可以完成领导交办的任务，又可以把自己在过去一年所做的事情梳理一番，从而让自己的工作思路变得更加清晰。

02.

我在网上看到过一篇非常火的文章，文章的标题是《我的助理辞职了》。

在这篇文章中，刘苏讲到她招聘了一个女孩做自己的助手，这个女孩重点大学毕业，并且各方面都表现非常优秀。可是不到半年时间，这个女孩就提出辞职请求。女孩辞职的理由就是，她每天都要去做像"贴发票"这种琐碎又枯燥的事情，没有成就感。

面对女孩的辞职请求,刘苏讲到了自己当年对待"贴发票"这件事情的经历。她认为"贴发票"这种看起来无意义的事情,其实涉及公司很多方面的运营信息。于是她做了一份表格,将报销的数据按照时间、数额、消费场所、联系人、电话等信息记录了下来。在整理数据的过程中,她了解了公司的很多运营情况,以及领导在处理公司事务时会遵循的一些常见的方式,进而对领导做事的意图有了更加清晰的了解。

后来领导慢慢发现,每次给刘苏布置任务的时候,她都会处理得非常妥帖。在刘苏升职的时候,总经理夸刘苏是他用过的最好的助理。

当你迫不得已要去做一件看似"无趣"的事情的时候,你不妨尝试去挖掘无趣事情背后的重要意义。

如同我们刚刚讲过的案例,"贴发票"这一件看似无趣的事情,也许可以帮助你了解整个公司的经营信息。我的一位朋友小野,一开始在公司担任总裁助理。重点大学毕业的他,每天都要做很多看似无趣的事情。但是他丝毫没有怠慢,把每一件事情都认真地完成。就是在做这些无趣事情的过程中,小野的办事能力给领导留下了深刻的印象,同时他也和总裁建立了很好的关系。最终,小野被派往公司的人力资源部,担任人力资源部的副部长,把工作开展得风生水起。

03.

刚工作那会儿,我有幸做了将近两年的留学生辅导员。说实话,给留学生做辅导员并不是一件容易的事情。

留学生刚来上海,对一切都不熟悉;加上语言不通,有很多学习和生活上的问题需要辅导员解答和处理。从办理各种各样的入学手续到带着留学生参加课余活动,从各种日常管理工作到处理因为文化差异产生的一些难题,很多时候,作为辅导员的我都事必躬亲。

刚开始的时候,我感觉事情很多也很杂,工作压力很大。后来我就告诉自己:做留学生工作虽然很辛苦,但这也是锻炼英语口语的绝佳机会。我要好好利用这个机会,把英语口语锻炼好。

在完成这个思维转变后,我的工作态度变得更加积极主动。每当留学生给我打电话的时候,我心里想的不再是"不会又出了什么糟糕的事情了吧",而是"嗯,又可以好好地锻炼英语口语了"。

在这种思维模式的推动下,我的英语口语有了很大程度的进步。以前要给外国朋友打电话时,我都需要考虑再三,有时还需要在心里打个腹稿。但是随着和留学生交流次数的增加,现在我只要拿起电话,马上就能和他们用流利的英文交流。

当你不得不去做一些看似无趣的事情的时候,你不妨把这件事情当成锻炼自身能力的契机。

例如,当你不得不去做一些行政事务工作的时候,也许正是锻炼你忍辱耐烦能力的机会。你可以把一个难缠的客户当成倒霉一天的开始，也可以把他当成锻炼自己情商的绝佳人选。我们只要认真去发掘，就可以把做事情的过程变为锻炼自身能力的过程。

04.

这个世界上没有一份工作可以始终充满乐趣，我们都需要在感到无趣的时候给自己一点儿有效的自我激励。

刚刚开始工作那会儿，我曾傻傻地认为，所谓完美的工作就是——这份工作的每一项内容都会让我感到无比兴奋，我将带着全部的激情去应对工作中的每一次挑战。后来我发现是自己想多了。再好的工作，也会有让你感到十分无聊的事情，例如冗长的会议，各种需要上交的表格，烦琐的报销流程，等等。

但是，你不能因为工作中存在这些让你感觉无聊的事情，就否定整份工作。有些人一旦碰到无趣的事情就开始怀疑自己是否真的适合这份工作，进而通过跳槽来缓解自己的焦虑。这是一种典型的"逃避问题"的心态。

如何对待工作中令自己感到无聊的那一部分，恰恰能反映一个人在职场上的心智成熟程度。这个时候，我们就需要对自己进行有效的自我激励。

那些不太成熟的职场新人，他们的思维模式往往是："怎么总是让我干一些无聊的事？我还是随便糊弄一下吧，等到碰到自己真

PART 5 | **自我激励**：自我怀疑才是最大的阻力

正感兴趣的事再好好去干吧！"（第一种选择）

一种成熟的心智模式应该是："好吧，再完美的工作也会有一些无聊的工作内容。我现在需要做的就是尽可能地把手边的这件事做好，然后努力从这件看似无趣的事情中获得最大的益处。"（第二种选择）

面对这两种选择，聪明的你会如何选择呢？

思维进化：人生持续精进的方法

比起奋不顾身的辞职，我更赞赏温柔的坚持

01.

我的朋友Cherry和我一样，原本也在一所大学工作。她经常抱怨自己的工作环境太封闭，工作内容没有兴奋点，自己的潜力没有得到充分发挥。

终于有一天，Cherry告诉我：她想辞职，去外面的世界看一看。理智告诉我，对于Cherry来说，这并不是一个好主意。

第一，每次和她交谈的时候，她都只谈在大学工作的缺点，从来没有谈优点。这说明她还无法客观地看待当下的工作，想法还不够成熟。

第二，她只是想通过辞职来逃避现在的工作，但是对于"未来想要从事什么工作""到底什么样的工作真正适合自己"这两个重要问题，她还没有想清楚。

我告诉Cherry："你最好采取骑驴找马的策略，先通过小范围的试错，弄明白自己究竟适合做什么工作，在确定奋斗目标后再有针对性地打磨自己的核心竞争力，等到条件成熟时再跳槽。"

但是Cherry笑着说了4个字："时不我待。"

辞职之后的Cherry，凭感觉进入了一家互联网公司的创新实验室工作。她的顶头上司比她小5岁，非常有干劲，经常带领大家加班熬夜搞项目。Cherry似乎终于找到了奋斗的感觉，干得很起劲。但是干了不到一个月，Cherry就告诉我，她有些吃不消了。

"团队成员都是一帮生龙活虎的'90后'，我这个'80后'的大姐真没有办法和他们拼体力了。另外，虽然我的上司很有干劲，但是缺少一些长远的眼光和规划。我们一个月风风火火地做了很多项目，但是大部分项目都未成形就夭折了。这简直就是在瞎折腾啊！"Cherry向我大倒苦水。

"真是吃不消，我准备再换一家公司。"说完这句话后，Cherry的眼神中透露出几分无奈和失落。

02.

我的另外一位朋友Steven，原本是一名中学体育老师。虽然他在3年前就有了跳槽的打算，但是他始终按兵不动，默默地积累着能量。

上周听到他辞职的消息，我一点儿都不感觉诧异。因为我知道，为了这一天，他筹划了好久。

Steven毕业于知名的体育学院，大学毕业后为了求得一份稳定的工作，进入一所中学做体育老师。

不过，做老师这件事情没有办法满足他的全部野心，他感觉自己的很多才华都被埋没了。

他想赚更多的钱，想闯出一番事业，他还想早点儿还完房贷。因此，他一直都特别努力。

从我认识他的那天开始，他好像从来没有"周末要好好休息"的概念。他几乎利用自己全部的业余时间，尝试各种不同的赚钱方式。他搞过代购、炒过股票，还和别人一起合伙开过一家快餐店，最终他确定了自己的事业发展方向——成为一名优秀的户外拓展培训师，并且成立一家自己的培训公司。

在确定这个目标之后，他开始全身心投入，学习如何成为一名优秀的户外拓展培训师。他拜了一名经验丰富的师傅，从助理培训师开始做起，一边打杂，一边学习。

某个周末，他要跟着师傅去外地做户外拓展培训，喊上我一起去帮忙。当时正值盛夏，我看着30岁"高龄"的他像一个跟班小弟一样跑东跑西。他一会儿要协助摄影，一会儿要协助准备培训所需的各种器材，一会儿还要分发矿泉水……总之，他忙得大汗淋漓却不亦乐乎。

在空闲的时候，他马上掏出一个小本子，飞速记下师傅在上课时所提到的重点内容。一天忙活下来，他又拉着我做他的陪练——他做培训师，让我做学生，把白天从师傅那里学到的内容再给我讲一遍，并且让我给他挑毛病，一直折腾到很晚才睡。

那天晚上，我忍不住问他："既然你这么喜欢做户外拓展培训，为什么不直接辞掉学校的工作专心投身这一行呢？"

Steven告诉我："比起奋不顾身的辞职，我更喜欢温柔的坚持。现在我每月都要还不少房贷，如果辞职去做培训师，只能从助理培训师做起，收入会比现在大幅降低，整个家庭都要承受巨大的经济压力。我想先利用业余时间把自己的培训技能锻炼好，等到我能独当一面的时候再辞职。"

Steven一直都按照自己的计划稳步前进。大概花了将近3年的时间，他的出场费已经达到一天2000元起，并且积累了稳定的客户资源。很快，他就毫无留恋地辞职了。

03.

当下，越来越多的年轻人已经不再把"工作稳定、收入还行"当成好工作的重要标准，他们更加看重一份工作是否有趣，是否适合自己。

这是时代进步的一种标志。但是我们也要小心这种现象背后隐藏的陷阱。

这个陷阱就是：仅仅因为自己不喜欢当前的工作就奋不顾身地

思维进化：人生持续精进的方法

辞职，或者仅仅因为逃避现实中的问题就奋不顾身地辞职，却并不清楚自己真正喜欢的工作是什么，缺乏长远的职业规划。

对于一个不知道自己想要什么的人来说，随便换一份工作，就相当于从一个火坑跳进了另外一个火坑。

而对于知道自己喜欢什么但没有做好充分准备的人来说，很容易经历一段长时间的阵痛期，甚至会亲手扼杀自己的梦想。

我的一个已经毕业的学生，辞掉了稳定的工作，去酒吧驻唱。虽然他很喜欢唱歌，但是实际上他并没有做好充分的准备。在半年的时间中，他很少接到活儿，因此没有拿到多少表演机会。在吃了3个多月的泡面后，他感觉实在是坚持不下去了，于是把吉他收了起来，去做销售工作。

盲目辞职往往具有很大的风险，因为在很大程度上，这可能会挫伤跳槽者的自信心，让跳槽者变得愤世嫉俗。

因此，比起奋不顾身的辞职，我更赞赏温柔的坚持。所谓温柔的坚持，就是懂得坚守和隐忍。这样的人会在跳槽时机真正成熟之前忍辱负重，为心目中理想的工作默默储备力量。

说得再具体点儿，那些懂得温柔坚持的人，会"骑驴找马"，不会盲目更换工作。在找到"白龙马"之前，他们会耐心地骑在自己的"小毛驴"上，拼命积攒实力，等待合适机会的降临。

等到他们的实力强大到足够去驾驭"白龙马"的时候，一旦机会降临，他们便会毫不犹豫地抓住，去做他们真正喜欢做的事。

三个方法，帮助你坚持去做一件事

01.

凌晨4点，我比闹铃提前两个小时醒来，睡意全无。我一直惦记着本周还没有完成的写作任务。

写这篇文章的时候，学校正在放寒假，我拖家带口回了山东老家。在这段时间里，我有太多文章需要去写，有太多亲戚需要去看望。同时，我还需要花费大量时间照看孩子，一直都没有足够多的时间静下心来读书写作，心里有些着急。

我第一次觉得，凌晨4点醒来是一件很幸福的事。因为在孩子醒来之前，我有将近3个小时的时间可以不受干扰地写作。

由于害怕写作时噼里啪啦的键盘敲击声会把孩子吵醒，我蹑手蹑脚地穿上衣服，把自己包裹严实，从温暖的卧室来到没有空调和暖气的客厅写作。

北方的冬天可真冷啊！即使隔着一层厚厚的羽绒服，我依然能感觉到木质沙发靠背上传递过来的冰冷。

坚持写作可真难啊！你需要不断走出自己的舒适区，去考验自己的意志力。

作家严歌苓在接受采访时曾说过："写作不是每个人都能忍受的，这需要自我挑战和强大的意志力。在写得不顺的时候站起来，还有没有毅力再坐下去？所有的挣扎都是和自己的抗争，当完成作品时，就会有巨大的成就感和满足感。"

对于这段话，我深有同感。作为一个长期坚持写作、并且想通过写作让自己变优秀的人，每篇文章的诞生，实际上都意味着不断挑战自己的舒适区，向自己的懒惰发起一次又一次的冲击。

在长期和懒惰扭打的过程当中，我发现：虽然大家都说长期坚持做一件事很难，但是我们依然可以通过一些科学的方法帮助自己坚持做下去。下面，我就和大家分享三个比较实用的方法。

02.

第一，吃掉那只"青蛙"，每天从最艰难的事情开始做起。

马克·吐温曾经说过，如果你早上的第一件事情是吃下一只活的青蛙，那么今天其他所有的事情都没有什么好烦的了，因为没有什么事情比吃活青蛙更让人难受的了。

这段话被很多时间管理类的书引用，并且引申出一个重要的理

PART 5 | **自我激励**：自我怀疑才是最大的阻力

念——我们每天应当从最艰难的事情开始做起。

最艰难的事情往往也是最重要的事情。《高效能人士的七个习惯》一书强调的高效能人士应当具备的一个重要习惯就是——要事第一。

一个具有自律精神的人，他的一个显著特点就是——先把最难的那件事情完成。这样再做其他事情的时候，心情就会越来越好，越来越有信心，从而更容易坚持做下去。

而一个人如果总是逃避做艰难的事情，则会慢慢形成拖延心理，最终无法坚持做下去。

第二，形成固定的习惯，让坚持变得更容易。

在《精力管理》一书中，作者提到这样一个重要理念："如果你每次做某件事之前都需要思考一下，那么你很可能不会长久地坚持去做这件事。"

而我们一旦形成一些做事情的固定习惯，那么在做一件事情的时候就更容易坚持下去。

因为到了某个时间节点，你会自然地想起要做某件事情，而不需要花费很多时间反复考虑："我到底应该在一天中的哪个时间段去做那件还未完成的事情呢？"

实际上你所看到的这篇文章，就是在我形成早起写作习惯之后完成的。说实话，我第一天早起，从被窝中爬起来写作的确很不容易。但是一旦养成习惯，我做起来就没有那么难了。

习惯会慢慢形成一股强大的洪流，让一个人变得更优秀。

第三，运用榜样的力量，让自己不再轻言放弃。

我在不同的社交媒体平台上，关注了很多比我优秀的写作者。这种榜样的力量，对一个人的激励作用是无穷大的。

每当我想要偷懒的时候，看到别人还在坚持更新文章，我马上就会鼓起十足的干劲——比我优秀的人都如此努力，我还有什么理由偷懒呢？

一个朋友曾经对我说，真佩服你一年能利用业余时间写100篇文章。但是我心里很清楚，和我关注的那些优秀作者比起来，尤其是那些坚持每日更新一篇高质量文章的作者相比，自己弱爆了。

我们如果想变得更优秀，就要多和优秀的人待在一起。在互联网时代，这件事非常容易做到。你可以通过关注那些优秀的人的微博或微信，关注他们的动态，读他们写的文章，以获取源源不断的前进动力。

03.

最后，我想再谈谈坚持的意义。

在业余时间里，我坚持撰写了大量的心理学科普文章。截至2023年，我已出版了5本心理学相关的科普著作。

在今后的日子里，我希望自己能够写出更多更好的文章，通过写作来改变自己的人生。也许有人会说，写作这件事不要太追求数量，关键是质量。

那么，如何才能写出高质量的文章呢？好的选题、吸引眼球的标题、逻辑清楚的文章框架、能够带给别人价值的文章内容，都是加分项。此外，我觉得坚持写下去、保证一定量的内容输出也很重要。一个很少练笔的人，很难一下笔就写出高质量的文章。

我坚持不断地写作，并且把文章在网络平台上发布出来，能得到读者源源不断的反馈。我由此知道自己在写作方面的缺点和不足，从而不断改进写作技巧，提升文章质量。我始终觉得，对于一个初级写作者来说，写的文章越多，练笔越多，写出高质量文章的概率才会越高。

一直以来，我特别佩服那些坚韧不拔的电话销售，虽然他们打出去的推销电话大部分都会被人无情挂断，但是他们仍然会坚持打下去。

一位做过电话销售的朋友给我讲过这样一个道理。他说，好的电话销售不会因为一次两次的拒绝而气馁，因为他们坚信：你只有打了足够多的电话，才能提升自己的沟通技巧，继而有机会把握住更多的潜在客户；只有把握住足够多的潜在客户，才能有机会创造更多的成交客户，让自己更好地生存下去。

无论是写作还是打销售电话，我们只有尝试得越多，成功的概率才会越高。这就是我所理解的坚持的意义。

思维进化：人生持续精进的方法

你必须足够努力，才会产生心流体验

01.

一个周末，我受邀参加一场HR主题沙龙活动。中间由我为来自不同公司的20位HR和职场精英做一场如何提升职场情商的主题分享。

考虑到参加这场活动可以认识很多HR，了解不少行业知识，我就愉快地接受了邀请。

不得不说，要给职场精英和HR们上一堂课，我的压力真的好大。他们中很多人都是职场老手，有的人就是专门负责公司培训工作的内训师。

为了做好这场长达6个小时的主题分享，我几乎把前一周所有的业余时间都利用了起来。我总共做了70页PPT，在短短几天内修改出3个版本。为了增强互动性，我还设计了很多案例研讨环节。

为了确保万无一失，我为这场主题分享写了3万多字的逐字稿。

开场的时候应该说哪些话，结束的时候应该说哪些话，我都一字不落地写了下来。我做完上述准备工作之后，感到既紧张又兴奋。对我来说，这通常是一个好兆头。

02.

活动当天，在刚开场的时候，我稍微有些紧张。我觉察到，自己的语速有点儿快，声音有些颤抖，动作有些僵硬，不是很放得开。好在准备得比较充分，我没有出现太大的失误。

随着课程内容的不断深入，我感觉自己渐入佳境。听课的学员也变得非常投入，我开始享受整个上课的过程。我分明感觉到，很多心流体验正在源源不断地产生。

所谓心流体验，是指一个人将精神完全投注在某种活动上时产生的一种行云流水、身心合一的感觉。心流体验产生的时候，人会达到一种忘我的状态。

当然，这种美妙的体验不是随随便便就能产生的。在《专注的快乐》一书中，作者米哈里·契克森米哈赖明确地指出："在目标明确，能够得到及时反馈，并且挑战与能力相当的情况下，人的注意力会开始变得凝聚，逐渐进入心无旁骛的（心流体验）状态。"

在这些能够促进心流体验产生的要素中，"挑战与能力相当"这一条尤为重要。也就是说，你只有努力提高自己的能力，使之能够战胜眼前的挑战的时候，才会产生心流体验。

于是我努力备课，甚至写下了3万多字的逐字稿，最终在课堂上产生了心流体验。在这场活动结束后，学员给了我很高的评价。这使我更加强化了一个信念，那就是：你必须足够努力，才会产生心流体验。

03.

在职场中，谁不想拥有一份可以经常产生心流体验的工作？因为一份具有心流体验的工作，会让你充分沉浸其中，更重要的是，还会让你感觉时间过得飞快。

那些在工作中度日如年的人，经常会说这样一句话：怎么还没下班呢？然而，那些在工作中经常产生心流体验的人，经常说的一句话却是：怎么这么快就下班了？

正如前文所说，在产生这种心流体验之前，我们要付出很多努力。你不可能在自己的能力还无法战胜挑战的时候，就轻易产生心流体验。

在《专注的快乐》一书中，作者这样说道："唯有不断地投注精力，具有音乐天赋的孩子才有可能成为音乐家，具有数学天赋的儿童才能成为工程师或物理学家。莫扎特固然是神童和天才，但要不是父亲在他脱离襁褓后立刻逼他练习琴艺，恐怕这份才气也很难开花结果，取得日后的成就。"

我自己也有很多类似的体会。比如，当我打篮球技术很差的时候，我很难在篮球场上产生心流体验。但是随着球技的不断进步，我就越来越容易在球场上产生心流体验了。

再比如，当我英语口语很差的时候，我很难从和外国朋友交流的过程中产生心流体验。别说产生心流体验了，只要场面不尴尬我就算烧高香了。后来随着自己英语口语水平的不断提高，在和外国朋友进行交流的时候，我很容易就可以产生心流体验了。

此外，我还发现，当我认真准备幸福课的时候，我在课堂上也很容易产生心流体验。但是当我没有时间充分准备课程的时候，我就很难产生心流体验。

说到这里，我忽然理解了为什么很多负责任的老教师会说，当他们要在新学期开设一门新课的时候，虽然有很大的挑战，但是他们往往会感觉更加兴奋。因为他们上一门新课，意味着不能再用以前的老教案了，而需要重新花费精力去备课，去迎接新的挑战，但随之而来的收益却是——更多的心流体验。

正如《专注的快乐》书中所说："使出浑身力气攀登山峰的登山者，拿出看家本领唱歌的歌手，织出空前繁复图案的纺织工，以及必须更新手法或随机应变以进行手术的外科医生，都最有机会获得心流体验。"

04.

在休闲的时候，我们也需要投入足够多的努力，才能产生更多的心流体验。

也可以这样说，只有具有心流体验的休闲活动，才是高质量的休闲活动，才能起到放松身心的作用。

很多人会在工作日盼望着周末的到来，但是真等到周末，又不知道该如何打发空闲时间。最终他们只不过是躺在床上发发呆，窝在沙发上玩玩手机，或者漫无目的地看看电视。

这些都属于被动式休闲，根本就不可能产生任何形式的心流体验。我们如果长期依赖这种被动式的休闲方式，就很容易感到精神空虚，甚至感到生活失去了意义。

我们要想在休闲的过程中产生更多的心流体验，进而起到真正放松身心的作用，就要选择主动式休闲。当然，这也意味着需要我们付出更多的努力。

在《专注的快乐》这本书中，作者一针见血地指出："想要让闲暇得到最妥善的运用，就得付出工作般的专注与才智。主动式休闲有助于个人成长，但过程却不轻松。"

很多人都明白，读一本有趣的小说要比漫无目的地玩手机更容易产生心流体验。但是，这种心流体验并不是在翻开书本的一刹那马上就会产生的。

有时候，你需要耐着性子去读冗长的小说开头，先去了解故事的背景和人物介绍，然后才有可能沉浸在扣人心弦的情节中不能自拔。

PART 5　自我激励：自我怀疑才是最大的阻力

虽然人类的本性就是懒惰，不愿意努力，逃避去做困难的事情，但是，我们如果顺着这种本性走下去，就会走向无尽的空虚。所以我们要经常提醒自己，若想产生更高级的心流体验，就必须在休闲的时候付出更多的努力。

在每个星期一下班后，我都会努力克服自己的惰性，换上一身篮球装备，充分做好各项热身活动，然后去体育馆打篮球。

我知道，如果因为怕麻烦，不去打这场篮球，那么我极有可能会回到住的地方，躺在床上长时间玩手机。之后我就会感到一阵莫名的空虚，自然就会和美妙的心流体验失之交臂。

不要让病态的野心阻碍你及时休息

01.

多年前,我一边读研究生,一边利用业余时间在新东方教英语。

为了赚更多的学费,减轻家里的负担,周末时,我平均每天要给学生辅导6到8个小时的英语课程。

有一次我感冒了,喉咙发炎很严重。医生建议我请假,并且告诫我在康复之前不要再长时间讲话。但是年轻气盛的我,根本没把医生的建议当回事,回到培训机构继续给学生讲课。在喉咙疼痛难忍的时候,我就喝点儿水,捏着喉咙继续讲。

要知道,感冒时本就是喉咙最脆弱的时候,我却火上浇油,继续给学生上课,一直到实在说不出话来的时候才停下。这个时候,我的喉咙发炎已经相当严重了,导致周围的淋巴结也发炎了,在淋巴结密集的地方稍微按一下,就能摸到鼓起的一个个小疙瘩。这些都是淋巴结发炎的症状。

于是我赶紧再次去看医生。后来花了好长时间我才把喉咙的炎症消除,但是淋巴结的炎症却长时间没能消除。

因为只要还待在培训机构,我就要不停地讲课说话,炎症就不会好转,肿起来的淋巴结也不会消肿。

后来,因为担心病情加重,我就从新东方辞职了。原本我的野心是,通过几年的努力,我要成为一位知名的新东方英语老师。就这样,我在新东方的教师生涯草草结束了。

有位医生告诉我:"你这是慢性淋巴结发炎,需要几年甚至更长的时间才能彻底康复。"前些年,我还经常摸着那几个小疙瘩,担心会恶化为更加严重的疾病。好在这两年小疙瘩开始慢慢变小,我几近康复。

这就是当初感冒后我没能及时休息造成的恶果。每次摸到这些小疙瘩,我都会在心里暗暗提醒自己及时休息的重要性。生病的时候我们千万不要硬撑,否则造成的后果很可能是不可逆的。

02.

大概两年前,我经历了一次非常严重的急性肠胃炎。那时的我作息很不规律,经常很晚才睡,然后又自虐式地强迫自己早起,从来不懂得及时休息。

我这样折腾自己，身体素质肯定好不到哪里去，抵抗力也慢慢变差。于是，在吃了一顿辛辣的午餐后，我犯了急性肠胃炎。

那天下午我正在给学生监考，结果不停地往洗手间跑，上吐下泻，难受无比。在接下来的几天内，我几乎是吃什么吐什么。家人精心熬的小米粥，我也没有办法消化吸收，统统吐了出来。

我曾经也得过急性肠胃炎，从来没有如此严重过。去看病的时候，我就忍不住问医生："为什么这次急性肠胃炎这么严重，难道仅仅是因为吃了辛辣的食物吗？"

医生告诉我："辛辣食物引起肠道感染只是诱因，更重要的原因是你的身体抵抗力太差。"

而身体抵抗力太差又是什么原因造成的呢？我认真地反省了一下，主要还是因为不懂得珍惜自己的身体，做事情太拼命，不懂得及时休息。

03.

要知道，人的身体就像一个淘气的孩子。假如你不好好对待他，他就会出来淘气。而生病的本质就在于，身体正在通过一种特殊的方式提醒你——该好好休息了。

如果你不接受身体对你的提醒，那么身体就会变本加厉地惩罚你。

比如感冒的时候，最好的康复方法就是多喝水、卧床休息，扶植身体内在的正气以恢复健康。

你如果偏偏要和身体对着干,不舒服的时候还要不停地忙东忙西,普通的小感冒也会被拖成重感冒,时间久了还会导致产生鼻窦炎、偏头痛等更加难以治愈的疾病,严重地影响工作和生活,得不偿失。

生命是一场马拉松,不懂得及时休息的人,没有办法实现可持续发展。纵使你拥有再大的野心,身体不好又能怎样?

04.

我说的这些道理,相信大家都懂。那么,隐藏在"做事太拼命,不懂得及时休息"这种现象背后的是一种什么样的心理呢?

如果用一个短语来概括,我想答案就是:病态的野心。

我对"病态的野心"的理解是,一个人过于拼命地学习和工作,毫不珍惜自己的身体,动机主要来自迫切想补偿那颗自卑的心,且希望得到别人的认可,却无法享受整个努力的过程。

因乳腺癌去世的前复旦大学女教师于娟,在《此生未完成》这本书中曾对自己"病态的野心"有过认真的反思:"我曾想要在三年半的时间内同时搞定一个挪威硕士学位、一个复旦博士学位。然而博士始终并不是硕士,我拼命日夜兼程,最终没有完成给自己设定的目标,恼怒得要死。现在想想就是拼命拼得累死,到头来赶来赶去也只是早一年毕业。可是,地球上哪个人会在乎我早一年还是晚一年博士毕业呢？"

"虽然我极不擅长科研，但是既然走了科研的路子就要有个样子。我曾经的野心是两三年搞个副教授来做做……为了一个不知道是不是自己人生目标的事情拼了命扑上去，不能不说是一个傻子干的傻事。得了病我才知道，人应该把快乐建立在可持续的长久人生目标上，而不应该只是去看短暂的名利权情。"

05.

记得在电视连续剧《奋斗》里面，陆涛的父亲曾经对陆涛说过这样一句话："不管开什么车，遇到状况的时候，你都要懂得及时刹车。"

我们可以把这句话套用在生活中，无论自己正在拼命追求什么样的目标，当身体感觉不舒服的时候，我们一定要懂得停下来及时休息。

以前的我，从来不懂得什么是及时休息，总是一个劲儿地往前冲冲冲，一直到生病了，才停下来休息。

现在的我比以前忙碌很多，但是我已经知道怎样保证不让自己的身体出问题。我的秘诀就是——及时休息。

当我觉察到大脑已经很疲惫，不再适合继续看书的时候，我就会果断站起来，出去散散步；如果感觉连续几天都比较忙，睡眠时间比较少，我就会提醒自己一定要想办法抽出时间补个觉；如果最近都是急匆匆地吃饭，亏待了自己的胃，那么我一定会找一个空闲的时间，多花点钱去吃点好的，不紧不慢地享受一顿美食。

然而，知易行难。从知道"及时休息"的重要性到慢慢地能够做到"及时休息"，我经历了很长一段磨合的时间。我开始对自己"病态的野心"有了越来越清醒的觉知，每生病一次，我都会在大脑中进一步强化一遍"及时休息"的重要性。

亲爱的朋友们，当你在"病态的野心"驱使下走得太快的时候，别忘记停下来及时休息，好好关爱自己的身体。

PART 6

心理减负
快速化解负面情绪的实用方法

我喜欢将消极情绪看成天上的一片乌云。有时它会遮挡住太阳,但是我们不用过于担心。一段时间之后,乌云自然就会消失,阳光又会洒满大地。

思维进化：人生持续精进的方法

在尴尬时刻，我用五个步骤化解愤怒情绪

01.

在一次幸福课上，我受到前所未有的挑战。

那是某学期的第一堂幸福课，坐在台下的学生满怀期待，站在讲台上的我踌躇满志。

因为课程是在晚上，我担心学生上了一天的课会有些疲惫，就先带领大家做了一些热身的小活动，如拍拍手、跺跺脚、和身边的人打招呼等。

见大家的情绪都被调动起来了，我准备进入正题，开始上课。这时，我看到一位学生眉头紧皱，满脸都是不爽的表情。

好奇心害死猫。我忍不住问这名学生："这位同学，你看起来好像心事重重，你有什么特别的感受要和大家分享吗？"

"有什么感受啊……哦，没错，我是有不少感受要说。"这名

学生不冷不热地回应道。

接下来,这名学生毫不客气地从我的手中拿过话筒,径直走到讲台中央,无礼地指着我对台下的学生说道:"我希望大家都能够警惕这样一位老师。他肚子里没有什么干货,整天就知道玩一些小游戏来哗众取宠。"

听到学生的这些话,当时我就震惊了!但是"悲剧"还没有结束……

这名学生又侧过身来对我挑衅道:"你知道吗?你如果真的很厉害,那就给我们讲一些有思想的知识,而不是玩糊弄小孩的小游戏!"

听到这些话,我整个人都怔住了,大脑一片空白。

要知道,我上的这门幸福课曾经被学生称为学校深受欢迎的选修课,每次上课还有很多没有选上课的同学慕名过来旁听。

然而这名不知道从哪里冒出来的学生,却在一个美好的晚上,当着台下100多名听课学生的面给了我当头一棒!

02.

很快,我心中的怒火就被点燃,并且开始熊熊燃烧。我能明显感觉到,自己的肾上腺素正在飙升。我的口唇开始发干,心跳开始加速,我非常愤怒!

我准备大声和这名学生来一场辩论,我想告诉这名学生:"Are

you kidding me！？（你是在开玩笑吗！？）你还没有真正听过我上课，就凭课前一些热身的小游戏，就断定我讲课的内容很水。这样轻易评判我，你觉得对我公平吗？"

我承认，我的内心还有一股冲动，那就是——我想运用教师的权威，直接把这名学生赶出课堂，作为对他肆意评判我的惩罚。

但是我知道，这些都是非常不理智的做法，如果真的这样做了，我一定会后悔。

我从1数到10，努力让自己的情绪先稳定下来，然后对这名挑衅的学生说道："谢谢你刚才给我提的这些建议，但是刚才你对我的这些评判并不一定是准确和客观的。因为刚才只是这堂课的热身环节，我还没有正式讲课。我不知道当你完整听完一堂课后，是否会改变现在的想法。如果有所改变，也麻烦你再次告诉我。"

那名学生听了我的话，没有说话，只是冷笑了一下。我感觉浑身发毛。

接下来，我强作镇定，转身对全班同学说："好了，我们开始上课。"

坦白说，开始讲课后，我还没有完全从刚才的消极情绪中走出来，我感觉自己的声音有些颤抖。但是我知道，此刻我唯一能做的就是认认真真地把课讲完，让听课的同学能够有所收获。

慢慢地，我找回了一些讲课的状态。在讲课过程中，很多干货内容都被我声情并茂地演绎了出来。课堂上很快就欢声笑语不断，同学们一边听课，一边认真地记笔记。

在这个过程中，我用眼角的余光瞟到了那名挑衅我的学生，他的脸上好像流露出一些愧疚和不好意思的表情。

果然，在课间休息的时候，那名学生主动走到讲台上来向我道歉——他说自己之前的举动过于鲁莽，实在是不好意思。

他告诉我："老师，你的课讲得很好，很实用，是我误解你了。"

接下来，他还告诉我，他曾经有过一次被骗的经历。当时他交了昂贵的学费去参加一次所谓的"超强沟通力"培训，结果那次培训什么干货内容都没有讲，培训老师只是一个劲儿地给学员打鸡血，不停地向听众灌输"要成功，先发疯，两眼一闭往前冲"等一类的话语。

凑巧的是，那一次上课之前，培训师也是先带领学员做了一个类似于我在课前带领大家做的那种热身活动。

我接受了这名学生的道歉，并且问他："你愿不愿意把你的这些感受，跟其他选课的同学分享一下？"他说："可以。"

接下来，他就把自己的这些感受分享给了台下的其他同学，得到了台下同学的谅解。我的愤怒情绪也慢慢消失了。

03.

后来，在读查普曼博士的《愤怒，爱的另一面》一书的时候我才发现，自己在无意中遵循了他在书中提到的五个化解愤怒情绪的步骤。

第一，明确告诉自己：我生气了！

在做心理咨询的时候，我经常会对来访者说一句话：觉知问题是解决问题的第一步。只有认识到自己身上有问题，我们才能有针对性地解决问题。

同样的道理，只有当你认识到自己已经愤怒的时候，接下来你才会考虑如何采取理智的方式去处理愤怒情绪。

遗憾的是，在生活中很多人已经情绪麻木，丧失了对愤怒情绪的感知力。我们如果无法感知到愤怒情绪，就谈不上如何有效地去化解它了。

第二，克制自己的冲动。

对待愤怒的最好方式，不是压抑，但也不是放纵。我们都知道，冲动是魔鬼。我们如果不对自己的愤怒情绪进行必要的克制，就会做出很多非理性的行为。

在处理两性关系的时候，有些人一旦愤怒就很容易说一些狠话。虽然说狠话的真正动机可能只是发泄怒气，或者在确认对方是否能够包容自己，但是，我们如果对这些愤怒的情绪不加控制，说了太多"不行就分手"或者"不行就离婚"的狠话，到最后很可能就会真的"如愿以偿"。

所以说，处理愤怒情绪的一个重要前提，就是要学会克制自己的冲动，保持冷静和理智的状态。

当你感觉自己非常愤怒的时候，你不妨先从1数到10。你如果还是感觉不够冷静，就从1数到100。

第三，对愤怒的想法进行合理性评估。

当学生站出来说我的课程"哗众取宠、缺少干货"的时候，我非常生气。但是，当后来学生告诉我他的被骗经历时，我又觉得这个学生很可怜，因为他也是一个受害者。

这样一来，我就没有那么生气了。因为一开始我觉得他是在找碴儿，是在针对我。但是后来才发现，他只不过是在找机会发泄他以前被人欺骗的愤怒罢了。

根据认知疗法的相关理论，我们只要能够改变对一件事情的认知，那么我们的情绪也会随之发生改变。

因此，当我们感到愤怒的时候，我们如果能够及时地对愤怒的想法进行合理性评估，多搜集一些背景信息，然后及时改变自己对一件事情的认知，或许就可以减少一些愤怒情绪。

第四，思考并选择最佳的行动方案。

当你感到愤怒的时候，在采取具体的行动之前，你最好问自己这样一个问题：我将要采取的这项行动真的是最佳选择吗？我这样做到底是为了发泄愤怒还是真的能够促进问题的解决？

当那名学生当众批评我的课程的时候，我的第一反应就是保护自己的名声，马上进行反击。这是人们在愤怒时的自然反应。

但是我告诉自己,这样做不仅无助于问题的解决,还会耽误其他学生上课。于是,我选择了另外一套行动方案——继续上课,然后一面平复自己的情绪,一面通过自己的真正实力来证明"我讲的课并不水,我的课程里面有很多干货"。

第五,采取建设性的行动。

你可以允许自己拥有一些愤怒的情绪,但你不一定非要带着愤怒的情绪去行动,以至沦为情绪的奴隶。

所谓建设性的行动,就是指当你感到愤怒的时候,所采取的行动应该有助于问题的解决,同时也有助于关系的维护。

当学生认识到自己的错误,并且走过来向我道歉的时候,当时我心中的怒气并没有完全消失。但是我知道,如果此时此刻我采取一些非建设性的行动——如挖苦学生,对学生说"现在你才知道错了?你早干什么去了?",这无助于问题的积极解决和良性关系的维护。

于是,我接受了学生的道歉,并且希望他能当众分享他的一些感受。学生也的确给了我面子,照着做了。

最终,这个看似严重的冲突事件被我成功地化解了。

PART 6 | 心理减负：快速化解负面情绪的实用方法

七个简单好用的方法，
帮你快速战胜焦虑情绪

我是一个生性敏感、很容易焦虑的人。我很庆幸自己学了心理学专业，庆幸自己读了很多心理学方面的书。

因为在读书和学习的过程中，我在不断地自我觉醒，不断地将学到的方法用于战胜焦虑情绪，我的心态也因此变得越来越好。

最近我读到了一本关于如何战胜焦虑情绪的好书——《如何才能不焦虑》。这本书总共提到了21种战胜焦虑的方法，我从中挑选出7个行之有效的方法，在此和各位分享。而挑选这些方法的一条重要标准就是，它们一定是在过去的某个时间点帮助我战胜了焦虑情绪。

01. 转移注意力

宝妈曾告诉我，有一次，她带着2岁的儿子去打疫苗，别的孩子都号啕大哭,但是唯独我们的儿子没有。听完我感觉很惊讶,难道是我的娃天生勇气可嘉?嗯,我承认是我想多了。原来,宝妈用了一个方法来转移儿子对打针的恐惧。

打针的时候,她告诉儿子:"来,宝宝,咱们一起数10个数,数到10打针就结束了。"于是,儿子就含着眼泪和妈妈一起数数,一直到针拔出来,都没哭出声。

我们都会有类似的体验,一旦陷入焦虑情绪,就很容易反反复复地去思考同一件事情,无法让大脑停下来。这个时候,最有效的方法往往是通过运动、读书、看电影等方式来转移自己的注意力,进而从焦虑的情绪中走出来。

02. 制订计划

《如何才能不焦虑》一书中有这样一段话:"焦虑产生于一锅浑水中。换句话说,哪里混乱无序、漫不经心、结构缺失,哪里就有焦虑。为何?焦虑是对危险的感知,而混乱恰好释放着危险的信号。经验告诉我们,当我们对生活没有一点掌控感的时候,潜在的危险往往是最大的。"

在写这篇文章的寒假里,我原本感觉非常焦虑。因为我要在不到一个月的时间里,完成3篇4000字以上的学术论文,并且每周还要写至少两篇订阅号文章,同时还要完成自己给自己设定的读书任务,更不必说当中还要穿插着走亲访友、陪伴家人等。

后来，我通过制订计划的方法化解了这份沉重的焦虑。我给自己制订了一个详尽的周计划，然后根据周计划制订了日计划。每天我都严格要求自己，不完成当天的任务决不休息。就这样，我通过制订计划的方法把压力分摊到了每一天，那些焦虑情绪也随着每天任务的完成而渐渐消失。

03. 提前演练

提前演练，可以适当消除焦虑情绪。无论你是为即将到来的公开演讲而焦虑，还是为即将到来的竞选而紧张，都可以通过提前演练的方法来化解焦虑情绪。

记得读大学的时候，我特别想竞选班长。那时的我，还是一个年少羞涩的小青年，最害怕当众讲话之类的事情。但是，我真的好想当班长啊。于是，我就陷入了一种两难的焦虑情绪。

后来，我决定通过提前演练的方法来化解焦虑情绪。我把演讲稿写下来，背熟，还在同宿舍的兄弟面前演练了多次。在班长竞选那天，我虽然很紧张，但是之前的各种演练给了我莫大的信心。最后，我超水平发挥，竞选班长成功。

04. 划定边界

在人际交往的过程中，边界模糊很容易让人焦虑。之前在做学生管理工作的时候，由于缺乏工作经验，我经常不忍心批评那些和自己关系比较好的学生。我认为批评他们会破坏这种和谐的师生关系，于是很容易焦虑。

后来，经过认真反思，我发现自己最大的问题就是边界不清。老师就是老师，学生就是学生。学生犯错了，如果老师不去批评教育，不去帮助学生更好地成长，那就是老师的失职。从此，我开始尝试着划定边界。我依然非常关心学生，但是当学生犯错误的时候，我会及时地批评教育，帮助学生认识到问题所在。

实际上，这种带着关心的批评，不仅不会伤害师生关系，反而会让学生更加尊敬老师。

05. 变得乐观点

在很长一段时间里，我都坚持将写好的文章在某网络平台上投稿。我通常会在晚上投稿，然后就睡觉。第二天早上一觉醒来，我做的第一件事情就是打开手机看看昨晚投的稿子有没有被编辑采用或者被推荐到首页。

有时候，我发现自己的稿子被拒了，就会很焦虑。我会忍不住想：是不是主编不喜欢我的写作风格？主编会不会对我形成刻板印象，接二连三地拒掉我的稿子？这些焦虑的想法背后，实际上就是偏悲观的思维方式。

我们若想化解这一类的焦虑情绪，最好让自己变得更加乐观一点儿——采用更加积极的视角来看待问题。例如，一篇稿子被拒很正常啊，这并不能说明我的写作能力很差。根据之前投稿的经历，我写10篇稿子，怎么也会有两三篇稿子被推荐到首页。所以，我能做的就是，继续写下去，因为总有那么几篇稿子会被主编选中。

06. 不要逃避

当你感到焦虑的时候，你一定不要有逃避问题的念头，否则只会让自己在焦虑的情绪中越陷越深。我最喜欢读的一本心灵自助读物就是斯科特·派克写的《少有人走的路》，因为这本书开篇就一针见血地指出了逃避问题的糟糕后果："回避问题和逃避痛苦的倾向，是人类心理疾病的根源。人人都有逃避问题的倾向，因此绝大多数人的心理都存在缺陷，真正的健康者寥寥无几。有的逃避问题者，宁可躲藏在自己营造的虚幻世界里，与现实生活完全脱节，这无异于作茧自缚。"

当你感到焦虑的时候，你要勇敢面对问题、解决问题，这才是战胜焦虑的最佳方法。

07. 看淡一点

曾经有一段时间，我特别容易因为一些小事焦虑。后来，四叔跟我说了一句话，让我瞬间看开了很多事情。他说：人生除死无大事，一切都会过去。

有一天，我坐在回家的地铁上，忽然悟出一个类似的道理。

我发现，上周我所担忧的一些事情，这周都已经变成了一些微不足道的事情；而这周所担忧的一些事情，相信下周也将会变得微不足道。所以，我们不要再为那些小事焦虑了。人最重要的事情就是活在当下，所有的烦恼最终都会随风而去。

森田疗法的智慧：
七个方法帮你战胜抑郁情绪

在感到心情抑郁的时候，你该怎么办？

我给大家介绍一种非常实用的心理疗法——森田疗法，它由日本精神科专家森田正马教授于1918年创立。

也许有人会说，我又没有心理疾病，干吗要去学习森田疗法？

作为一种心理治疗方法，森田疗法除了对于治疗强迫症、恐惧症、疑病症等一类神经症有很好的效果，同时对战胜抑郁情绪、保持良好的心态也有非常好的效果。可以说，森田疗法是一门对每个人都非常有价值的处世哲学。

提起森田疗法，学过心理学的人很容易想起森田疗法所倡导的核心要义——"顺其自然，为所当为"，但是往往不知道在现实生活中该如何去践行这八个字。

在《战胜自己——顺其自然的森田疗法》这本书中，作者施旺红介绍了森田疗法的第二代传人——高良武久博士。高良武久博士根据森田疗法的八字要义发展出7种"森田式的生活态度"。下面我就结合自身的体悟，和大家分享一下应当如何在生活中运用森田疗法战胜抑郁情绪。

需要特别指出的是，我们这里所提到的"抑郁情绪"，是指每个人在生活中都有可能体验到的一种负面情绪（如痛苦、压抑、自卑等），和"抑郁症"明显不同。"抑郁症"属于精神类疾病，需要接受系统、专业的心理治疗。

01. 端正外表

我的一个朋友，因为工作上的打击陷入抑郁情绪中不能自拔。好几次她想约我出来聊聊，但是最终她都临时爽约了。我问她具体原因，她说出门打扮自己实在是太麻烦了，她已经没有心力去做这件事情。

根据森田疗法，一个人越是心情不好的时候，越是应该多花一点时间去打扮自己，因为美好的外表和美好的心情是联系在一起的。我们要想振作精神，首先要端正外表，多给自己一些积极的暗示。

一个人在心情不好的时候，若不改变"蓬头垢面、不修边幅"的状态，只会让自己陷入恶性循环，使心情变得更加糟糕。

02. 保持充实的生活

一个来访者曾经告诉我，当他遇到烦心事的时候，他就会停下手中所有的事情，一心一意地去思考这件烦心事，企图把这件事想通后再去做其他事情。

然而，我们这样做始终无法让大脑停止胡思乱想，会使自己在抑郁情绪的旋涡中越陷越深。

"森田疗法"非常重视行动的力量，主张人们通过保持一种充实的生活状态来消除抑郁情绪。森田疗法还提出了"照健康人那样行动，就能成为健康的人"的口号。

2009年，我曾长时间深陷抑郁情绪中不能自拔。我不停地为未来担忧，但就是迟迟不肯采取任何行动。后来，我最终从抑郁情绪中走出来的一个重要原因就是——保持充实的生活状态。

我开始减少胡思乱想的时间，一门心思地读书和考证，脚踏实地地去做一些事情，终于走出了抑郁情绪的牢笼。

03. 不要长期卧床休养

感冒的时候，我们需要卧床休养；但是当我们的心灵"感冒"的时候，却不适合"卧床"休养。

因为此时人的身体并没有发生任何器质性的病变，若卧床休养，只会让心情变得更加糟糕。这个时候，我们应该多采取一些积极的行动，使情绪慢慢变好。

当心情郁闷的时候，人们很容易出现一些"意志活动减退"的表现，如不想做事，不想出门，只想一个人躺在床上发呆等。这些做法，有害无益。

此刻我们需要做的是，多去做一些能够改变现实的事情。例如，打扮自己，打扫卫生，读书学习，参加一些社交活动等。

04. 正视现实

正视现实就意味着不要逃避问题。逃避问题，也许会让你躲开暂时的痛苦，但是你却将因此陷入更大的痛苦，深陷抑郁情绪。

要知道，逃避痛苦的倾向，是很多心理疾病的根源。逃避问题的结果就是，自己的潜力始终得不到发挥，整日被抑郁情绪缠绕，最终退到无路可退，人生的道路越走越窄。

而正视现实，就意味着勇敢去面对人生中一个又一个难题，然后把这些难题当作成长的机会。

当你把这些难题接连踩在脚下的时候，你就会发现，自己的心灵也在不断成长，心智也在不断成熟。

05. 不做完美主义者

过于追求完美主义的人，很容易陷入抑郁情绪。因为他们总是对生活中那么多美好的事物视而不见，转而去关注那些不完美的事物。

我的一个学生小凯，是一个典型的完美主义者。在别人眼中，他是一个非常优秀的男孩。他长得又高又帅，被很多女生追求过。而且，他一直都在坚持自学英语，练就了一口流利的美式发音，在很多次英语演讲比赛中都夺得了冠军。

然而，有一天，小凯跑过来对我说，他被医院的心理咨询科诊断为抑郁症。当时我感觉很惊讶。不过在和他交谈的过程中，我发现了一些端倪：他对自己所取得的那些成就总是轻描淡写，但是对自己没有达成的目标却一直耿耿于怀。例如，他多次对我说，竞选学生会主席失败，对他的精神造成了极大的打击，他甚至觉得自己都没脸见人了。

小凯所表现出来的样子，就是一种典型的苛求完美的心态。然而，接纳自己和这个世界的不完美，是每个想要保持心理健康的人的必修课。

我曾经也是一个苛求完美的人，后来我系统阅读了一些关于克服完美主义的书，感觉非常受用，在这里推荐给大家：《幸福，超越完美》《接纳不完美的自己》《脆弱的力量》。

06. 通过行动去获得自信

森田疗法的继承人高良武久博士认为，许多事情并不一定非要等到有了自信心之后才能去做。恰恰相反，我们只有先去做事情，才能慢慢产生自信心。

深陷抑郁情绪的人，在做事情的时候往往缺乏必要的自信。他们总是优柔寡断，迟迟不肯采取行动。但是一个人如果迟迟不肯采取行动，那么永远都无法获得真正的自信。

这一点，在心理学家班杜拉的自我效能感理论当中也可以得到证实。根据自我效能感理论，人的自信心最主要的来源就是成功的经验。

当一个人积累的成功经验越多，那么这个人就会感觉越自信。而一个人如果想积累足够多的成功经验，唯一的方法就是离开自己的舒适区，不断地采取行动。

07. 不要急于求成

当我们感到抑郁的时候，我们总希望快速摆脱这种精神上的痛苦。但是最终往往会事与愿违——我们越想摆脱抑郁情绪，越会在抑郁情绪中越陷越深。这就如同一个人在失眠的时候，越告诉自己要赶快睡着，却越清醒。

森田疗法讲究"顺其自然"。对待抑郁情绪，我们应当顺应情绪产生、发展和消失的规律。

我喜欢将消极情绪看成天上的一片乌云。有时它会遮挡住太阳，但是我们不用过于担心。一段时间之后，乌云自然就会消失，阳光又会洒满大地。

因此，当我们正在被抑郁情绪困扰的时候，我们不要强求让这种消极情绪马上消失,而应当学会接纳这种情绪,并且做到"为所当为"——该工作的时候就去工作,该学习的时候就去学习,哪怕心情低落,哪怕工作和学习的效率都很低。

我们只要坚持去做一些有意义的事情,就会慢慢发现,抑郁情绪已经悻悻地消失不见了。

思维进化：人生持续精进的方法

巧用这六个方法，天天逗自己开心

"逗自己开心"是一项特别重要的能力。而且，这项能力反映了一个人的情商。在萨洛维和约翰·梅耶提出的情商定义中，包含两项重要的能力——"管理自身情绪的能力"和"自我激励的能力"。

因此，当你心情低落的时候，你如果能通过一些有效的方法把自己逗开心，就说明你很擅长管理自身情绪以及进行自我激励。同时也说明你是一个情商很高的人。

下面，我就为大家介绍6个"逗自己开心"的具体又实用的方法。这些方法都是亲测有效！

01. 去做有氧运动

很多科学研究都发现，有氧运动是摆脱轻度抑郁以及其他消极情绪的最佳方法。实际上，在治疗抑郁症方面，有氧运动和抗抑郁药物有同样的效果。

那么，为什么有氧运动在促进好心情方面会有如此神奇的效果呢？

这是因为有氧运动能够促进大脑分泌一种叫作"内啡肽"的"快乐因子"。大脑分泌的内啡肽越多，我们的心情就会越愉快。

或许有人会说，运动太麻烦了，尤其是冬天，还要换衣服，多么不容易坚持啊！

的确，每次去运动之前，我也经常会挣扎很久。长期坚持做一件事很难，但是我们可以借助习惯的力量啊。也许开始的时候会痛苦，但是一旦形成运动的习惯，我们在每次运动前就不会挣扎那么久了。

另外，我们还可以在大脑中不断强化运动后那种美妙感觉的记忆，从而激励自己坚持去运动。

想想看，每次运动结束，我们冲个澡，浑身舒爽，精神焕发，那种感觉真是让人欲罢不能啊！

02. 去愉悦感官

人体有五觉：听觉、视觉、嗅觉、味觉、触觉。愉悦感官，我们就可以从这五觉下手。需要提醒一点，我们愉悦感官一定要坚持"适度"原则，否则，就会将快乐变成痛苦。

在听觉方面：在心情不好的时候，我们就去听美妙的音乐。我个人最喜欢听民谣歌曲，因为感觉民谣更能把那种细腻的感情抒发出来。苏阳、万晓利、赵雷、姜昕、郝云、丽江小倩，他们都是我喜欢的民谣歌手。

在视觉方面：在心情不好的时候，我们可以去欣赏美景或者看电影，喜剧、励志片都可以，不建议看那种悲伤的爱情故事。

在嗅觉方面：对气味比较敏感的人，可以试试芳香疗法。在有条件的情况下，我们可以去买一台香薰机，因为闻好闻的气味可以改善心情。

在味觉方面：在心情不好的时候，我们可以去吃点儿甜食。无论是一块巧克力，还是一根香蕉，都会让你的心情好一点儿。这里需要特别注意一点：在心情低落的时候，往往也是一个人自控力最差的时候；这个时候人们很容易暴饮暴食，对肠胃造成不必要的负担，会长胖的！

在触觉方面：泡个脚、洗个热水澡、寻求一个大大的拥抱等方法，都可以帮你达到减压、恢复好心情的目的。

03. 去获得小小的成就感

在心情不好的时候，我们很容易缺乏做事的动力。这时候，我们可以去做一些容易完成的小事，以求改善自己的心情。例如，把凌乱的桌面收拾干净。收拾东西的过程，也是收拾心情的过程。

如果你的电脑桌面上堆满了杂乱的文件，那么你也可以在心情低落的时候去整理一下电脑桌面——把文件进行分类管理，把不用的文件果断地扔进回收站。

要知道，那些很少用到的文件，被乱七八糟地摆放着，不仅占据了很多物理空间，对我们的心理能量也是一种持续的消耗。

04. 去帮助别人

心情低落，往往源于对自己那点儿小情绪的过度关注。而帮助别人，则可以让一个人从自己的世界中走出来，把更多的注意力投向外部世界。这样一来，我们就不会一直沉浸在自己的世界里整日感到郁郁寡欢了。

帮助别人的过程，也是一个帮助我们自己寻求价值感的过程。想想看，当你教会一名长辈如何使用微信的时候，当你在地铁上给一位老人让座的时候，当你帮同学修好电脑的时候……相信你都会从给予别人的过程中获得一种价值感。

弗洛姆曾经在《爱的艺术》一书中这样写道："'给'比'得'带来更多的愉快，这不是因为'给'是一种牺牲，而是因为通过'给'表现了我的生命力。"

05. 去读鼓舞人心的好书

我发现，当自己心情低落的时候，我对知识的感受性特别强。这时候，读一些"对路"的好书，总会有种"啊，这书简直就是为我而写"的感觉。

有些书，在心情好的时候，你翻都不想翻一下。但是当你心情不好想寻求解药的时候，最害怕的事情竟然就是翻到了一本书的最后一页——这时作者便不再继续陪伴你了，除非你把这本书重新读一遍。

下面，我就和大家分享一些在我心情低落的时候陪我走过艰难时光的好书：《少有人走的路》《脆弱的力量》《人生的智慧》《活出生命的意义》《此生未完成》《精力管理》《如何停止忧虑，开创人生》《幸福超越完美》《为何家会伤人》《爱的五种语言》……

06.去亲近大自然

《落差：如何化解我们内心的失望》一书提到，一位英国的研究人员在伦敦的两个街区做了一项有趣的研究，而这两个街区的唯一区别就是：森林的覆盖率不同。

研究发现，街区的绿色树木越多，居民的抗抑郁药物消耗得就越少。也就是说，生活在树木繁茂的街道，人们会更少地陷入抑郁状态。

当你感觉心情不好的时候，你就去亲近一下大自然吧。你可以到距离家不远处的公园溜达一圈。如果你的住处距离公园太远，你也可以在室内养点儿花花草草，刻意为自己营造一些绿色的景观，

PART 6 | **心理减负：快速化解负面情绪的实用方法**

同样能舒缓心情。

我给大家提供了一些比较实用的方法来逗自己开心。总之，在心情不好的时候，"做点什么"往往比"想点什么"更容易让你恢复好心情！

思维进化： 人生持续精进的方法

六个神奇问题，让你的心情由阴转晴

有一次，我正参加一期心理咨询技术的培训班。在培训的那两天，我的情绪一直都很低落，每天都是心事重重地去上课。

那期心理培训班的主题是焦点解决短期治疗（SFBT, Solution-Focused Brief Therapy）。这种疗法的与众不同之处在于，它更加聚焦于问题的解决，而不是问题原因的探究，因此具有很强的实用性。SFBT的核心主张是，通过充分挖掘来访者自身的资源和潜力，唤起来访者对未来的愿景，从而促进来访者自身问题的解决。

当我心情不好的时候，碰巧老师在课堂上讲到了SFBT中的"经典六问"。"经典六问"，正是SFBT核心理念的浓缩。抱着试一试的态度，我自己一边扮演心理咨询师，一边扮演来访者，针对六个问题自问自答。

自问自答的过程结束后，我发现自己的心情竟然慢慢变好了。下面，结合许维素老师的《建构解决之道：焦点解决短期治疗》这本书以及自己之前所接受的培训内容,我和大家分享一下这六个神奇的问题。希望在你心情不好的时候,这六个问题也同样可以帮你恢复好心情。

01. 你现在的状态如何

在问自己这个问题的时候,我的状态真的很差。自己感冒了,我家宝宝也感冒了。宝宝晚上起来哭了好多次。老婆更辛苦,只要一听见宝宝哭,她就起身抱哄。前一天晚上,大人和小孩都没休息好。

在这种情况下,本来我都不想参加培训了。但又有些心疼培训费,心疼浪费一次宝贵的学习机会。于是,我便挤了两个小时的地铁,赶到了培训场地。在培训开始的时候,我又开始频频担心家里的宝宝,我感觉自己面临的最大问题就是没有办法兼顾好家庭和工作。

遇到问题的时候,我们如果把问题憋在心里就很容易让其发酵成更大的心事。我们知道,把自己的情绪表达出来是一件很重要的事情,用一句话概括就是:"说出来,就好了。"当我把那一刻的心情表达出来之后,我觉察到自己的心情好了很多。

02. 为什么你的情况没有变得更糟

大部分人在碰到困难和挫折的时候,很容易责怪自己的能力不够强，痛恨自己的现状没有马上得到改变。而尝试回答这个问题，能帮助我们发现自己身上已有的优秀之处。

我们应该尝试告诉自己："生活如此糟糕了，我竟然能够撑下来，已经很了不起了。"

仔细想想，当时自己的身体不舒服，我晚上也没怎么睡觉，心情一点儿都不好，竟然还能坐两个小时地铁参加为期两天的培训，的确已经很厉害了。想到这里，心情又好了很多。

具体来说，支撑我坚持参加培训的两个主要因素是：

第一，家人的支持。老婆很想让我陪在身边，但是她知道我很看重培训和各种发展机会，所以口头上不断安慰我："没事，你安心去参加培训吧。"这让我在出门的时候很感动。

第二，对未来的期待。我在内心始终相信，困难都是暂时的，美好的未来是必然的。我相信通过不断努力，自己的能力会不断提高，这样就会给自己赢得一个更加美好的未来。

03.在过去什么时候，你曾比较成功地处理过此类问题

我们知道，凡事都有例外。也许我们现在很难解决好当下的问题，但是我们过去在处理此类问题的时候，一定积累过相应的成功经验。这些成功的经验，就是例外。通过回答这个问题我们便会发现，答案就在我们心中。

那么，在平衡工作和生活方面，自己有哪些成功的经验呢？

仔细想想，我发现最重要的一条就是：如果因为工作不能增加陪伴家人的时间，那就要提升陪伴家人的质量。

由于工作单位离家太远（来回一趟4个小时左右），加上晚上经常要给学生上课，所以周一到周四的晚上我会住校，周五晚上才回家。也就是说，回家的时间比较少。而比较成功的做法就是，只要一回家，我就会努力提高陪伴家人的质量——尽量不玩手机，认真地和家人交谈，全神贯注地陪伴孩子。如此一来，家庭关系依然亲密又温馨。

于是我告诉自己："先安心参加培训吧，我要把当下的事情做好。等到培训结束后，我再回家全身心地陪伴家人。"

04. 能否描述一下你所希望的理想结局

这个问题旨在通过让当事人想象一下未来的美好场景，激发当事人对未来的希望，从而产生继续生活下去的动力。尼采曾说过："知道为了什么而活着的人，什么样的生活都能忍受。"

那么，自己的理想结局是什么呢？哇，这简直就是我最喜欢聊的话题。因为只要想象一下未来的美好画面，我就会感觉很幸福。

我的希望是，在未来自己可以写出几本畅销书，并且能够谈到较高的版税条件，拥有稳定的稿费收入。

但是请别误会我。不是我太想赚钱，而是我想通过写作取得一点小小的成绩，从而有机会换取更多的自由时间去陪伴家人。

这样一来，在寒暑假的时候，我就能和家人一起多出去旅游，到处走走看看。至少，每个周末都能抽出一些时间和家人一起心情平缓地散步。总而言之，我希望自己在未来能平衡好工作和生活。想到这个美好的画面的时候，我对未来更加有信心了。

05. 请评估你的现状，并且考虑如何才能向前迈一步

把这个问题阐述得更加具体一点就是，从0到10，你会给自己现在的状态打几分？如果需要向前前进1分，你又会做些什么呢？

采用这种评估方式，就可以把我们的心情和目前的状态量化，从而促进我们迈出一小步去改变现实。

如果要给自己当时的状态打分，我会给自己打5分。那么我面临的下一个问题就是：如果想要前进1分，我应该做些什么呢？

首先，我想见缝插针式地多抽出一点儿时间来高质量地陪伴家人。于是，我为下周做了一个计划，无论多累，我都准备回家至少两次，以弥补周末不在家陪伴家人的遗憾。

其次，我告诉自己，既然已经过来参加培训了，就要专心致志地学习，把学到的东西努力付诸实践，这样才能好好地发挥所学知识的价值。此刻，写这篇文章本身就是对所学内容的复习和反思。

06. 你的重要他人会期待你有何改变

这个问题旨在通过调动当事人身边重要他人的力量，发现解决

问题的思路。例如:"假设带着这个问题去问你最信任的老师,他会给你什么建议呢?""如果爸爸知道你现在的处境,他会支持你怎么去做呢?"

对于未来,我有很多宏大的设想,同时我也是个追求完美主义的人。因此,我希望自己能把人生中所有的事都处理好,平衡好家庭和事业发展的关系。但是,想把事事做得完美,根本就不可能实现。这个时候,我就需要听听重要他人的意见。

每当我把自己的宏大愿望说给家人听的时候,家人大多数时候只是简短地回应:"我只希望你能够身体健康,平平安安的。"

家人的这种反馈,一方面会让我心里感觉非常温暖,另一方面,也中和了我的部分野心,让我确立了一个更加贴合实际的事业发展目标。

当我回答完这六个问题的时候,心情平和了很多,思路也渐渐清晰了,我对未来又充满了希望和信心。

思维进化：人生持续精进的方法

三种超简单的冥想方法，帮你重新焕发活力

01.

当我第一次接触冥想的时候，我感觉这是一种有点儿邪乎，甚至是有些故弄玄虚的身心放松方法。

但是随着我对冥想了解得逐步深入，尤其是从冥想中不断受益后，我改变了对冥想的偏见。现在的我，经常会在一个头晕脑涨的下午，冥想一段时间，从而快速地恢复精力，为晚上即将要讲的课程做好充分的准备。

在《十分钟冥想》一书中，作者安迪·普迪科姆写道："冥想既是一项技能，又是一种体验。你只有去践行冥想，才能充分体会它的价值。"

在大卫·米契著的《冥想》一书中，作者也提到了冥想的诸多好处：冥想可以降低血压，缓和心跳；可以强化免疫系统，使人少

感冒；可以改善癌症病人的睡眠质量，降低患心脏病的概率；可以促进脱氢表雄酮的分泌，延缓衰老；可以提升专注力，让人更加积极地面对挑战。

冥想对身心的这些益处并不难理解。中医里有这样一种说法：心定则气顺，气顺则血畅，气顺血畅则百病消。冥想就是一种让人可以"心定"的方法。

02.

冥想的方法有很多种，参考大卫·米契所著的《冥想》一书，我重点介绍三种比较容易上手的冥想方法。

第一种冥想：呼吸冥想

第一步：在坐垫上盘腿而坐。你如果无法盘腿，可以坐在椅子上，建议小腿交叉；同时把手放在膝盖上；挺直腰杆，肩膀放松，头部稍稍往前倾；脸部放松，闭上双眼。

第二步：设置一个冥想的目标。例如：冥想可以让我感到平静又放松；冥想可以让我做事情更有效率、更快乐；等等。并且把这个目标重复三遍。

第三步：深呼吸，从1数到10，周而复始。呼吸时把注意力放在鼻尖处，感受空气进出的感觉。当我刚刚开始冥想的时候，注意力很容易游荡到他处。例如，今天发生的一件烦心事，隔壁有人在说话，等等。这些都叫妄念。而你需要做的就是把注意力重新找回来,集中在鼻尖处。

第四步:你如果刚刚开始冥想,建议把冥想的时间控制在10到15分钟之间。在冥想快结束的时候,重复一下你之前给自己设置的目标,然后慢慢地睁开双眼。

有的人在进行呼吸冥想的时候,总会感觉有太多的烦心事,无法让自己的心真正静下来。你可以这样告诉自己:我还有23小时50分钟可以用来考虑那些烦心事,而在这10分钟的冥想时间里,我要让自己的大脑彻底放空。

第二种冥想:行禅

和静坐式的呼吸冥想不同,行禅属于一种运动式的冥想。没错,冥想不一定非要坐着,行走的时候也可以冥想。

第一步:规划行走的路线。你可以选择在室内行走,也可以选择在室外行走。如果选择在室外行走,最好选择平坦无障碍的空地。

第二步:自然地行走,两臂在身体两侧自然摆动。

第三步:走路的时候"放宽"注意力,停止内心的各种杂念,只是注意体会各种各样的感觉。例如,脚步与地面接触的感觉,闻公园里面鲜花的味道,听小鸟的叫声,等等。

第四步:如果走路时,你的注意力会不自觉地去思考一些烦心事,就停顿一下,把注意力重新拉回来。记住,"行禅"注重的是去体会走路的感觉,或者抱有一颗孩子般的好奇心去打量这个世界。

在《旅行的艺术》一书中，我曾经读到一则趣闻："从1799年到1804年，亚历山大·冯·洪堡尝试了一次环绕南美洲的旅行，后来将描写他所见的文章命名为《新大陆赤道地区之旅》。在洪堡开始旅行的9年前，也就是1790年的春天，一个27岁的法国人，塞维尔·德·梅伊斯特，进行了一次环绕他的卧室的旅行，后来将描写他所见的文章命名为《我的卧室之旅》。"

读完这段话之后，我感觉这个叫塞维尔的法国小伙子实在是太有才了！他竟然会有在自己的卧室进行一番旅行的念头。虽然我们每天都在卧室睡觉，但是有谁真的能够把卧室认真地观察一遍呢？这种在卧室中旅行的精神，实际上和"行禅"体现出来的精神有异曲同工之妙。

第三种冥想：物件聚集冥想

所谓物件聚集冥想，是指一种将所有的注意力都锁定在一件特定实体对象上的冥想。在选择实体对象方面，你可以就地取材，如一朵鲜花、一个杯子、一块巧克力等。

第一步：先稳定情绪，深呼吸几次，再选定冥想的对象。

第二步：把所有的注意力都放在这件选定的物品上，然后让自己的眼睛就像一台扫描仪一样，认真地去观察这件物品的所有细节，如物品的颜色、质地、纹路、线条等。

第三步：努力屏蔽大脑中的各种噪声，放慢思考的速度，只是静静地观察眼前的这件物品。也许你会发现，即使是一件平淡无奇的物品，它身上也隐藏着很多含蓄的美好。正所谓，一花一世界。

当我们用手机浏览朋友圈或者看各种各样的新闻的时候，我们的注意力总会被快速地分散。这个时候，我们的心也很难真正地静下来，进而受累于各种各样的杂念。而当你能够专心致志地进行物件聚集冥想的时候，你会发现：自己的心能够静下来，并且能够享受眼前的"无用之美"。

03.

下面，我想交两份作业。这两份作业分别是我在练习"行禅"和"物件聚集冥想"之后写下的文字。

第一，关于练习"行禅"后的感受。

一个星期天的早晨，我散步结束后写下这几行小诗：

喜欢周末的早晨去散步，
因为这时看到的人们，
已经不再像往常工作日那般忙碌。

喜欢周末的早晨去散步，
带上轻松的心情，
换上舒服的装束。

喜欢周末的早晨去散步，

认真地感受着脚步和地面的接触，

花花草草仿佛都在和我打招呼。

喜欢周末的早晨去散步，

忘掉心情的反反复复，

留出一颗透明的心，

去把这个世界重新感悟。

喜欢周末的早晨去散步，

趁着那颗世故的心还没苏醒，

趁着烦心的事还未涌上心头。

喜欢周末的早晨去散步，

带上一颗童心，

用轻盈的脚步，

去感受走路所能带来的简单幸福。

第二，关于练习"物件聚集冥想"后的感受。

一次，我在盯着一个订书机观察了很长时间后写下这几行

思维进化：人生持续精进的方法

小诗：

> 他穿着蓝色的外衣，
>
> 带着工匠的气息。
>
> 平时的他，
>
> 不言不语。
>
> 关键时刻，
>
> 却能完成致命一击。